现代园林绿化
实用技术丛书

树木整形修剪
技术图解

李友 主编

SHUMU ZHENGXING
XIUJIAN JISHU TUJIE

化学工业出版社
·北京·

本书详细介绍了树木整形修剪的各项实用操作技术，共分为三章。第1章讲的是树木整形修剪基础；第2章讲的是整形修剪的树木学基础；第3章讲的是园林绿化树木整形修剪技术，该章是本书最重要的一章，介绍了14种树木修剪的技术，每种修剪技术都有配图和文字说明，详细介绍各种修剪技术的操作方法、修剪反应和效果及每项修剪技术的使用范围，介绍了15种树形的整形方法和过程，从树苗定植到整形完成的全过程都进行了详细介绍。

本书适合树木栽培的种植者、管理者、整形修剪技术人员阅读参考。

图书在版编目（CIP）数据

树木整形修剪技术图解/李友主编. —北京：化学工业出版社，2015.9（2023.7重印）
（现代园林绿化实用技术丛书）
ISBN 978-7-122-24751-3

Ⅰ.①树… Ⅱ.①李… Ⅲ.①园林树木-修剪-图解 Ⅳ.①S680.5-64

中国版本图书馆 CIP 数据核字（2015）第 173560 号

责任编辑：漆艳萍　　　　　　　　　装帧设计：韩　飞
责任校对：王素芹

出版发行：化学工业出版社（北京市东城区青年湖南街13号　邮政编码100011）
印　　装：天津盛通数码科技有限公司
850mm×1168mm　1/32　印张 7¼　字数 188 千字
2023 年 7 月北京第 1 版第 7 次印刷

购书咨询：010-64518888
售后服务：010-64518899
网　　址：http://www.cip.com.cn
凡购本书，如有缺损质量问题，本社销售中心负责调换。

定　　价：28.00元　　　　　　　　　　版权所有　违者必究

编写人员名单

主　　编　李　友

编写人员　李　友　李自强　李永文　张云美

　　　　　袁福锦　郑永雄　左燕淑　童春梅

前　言
FOREWORD

　　树木整形修剪技术是树木培育和养护管理工作中的一项关键技术，在各种用途的树木的生产中起着不可替代的作用。整形修剪技术能够使树木按照其生长发育特点和不同生产功能的要求形成良好的树形，最大限度地发挥栽培树木的功能和作用。以果实生产为目的的树木，整形修剪的目的就是要通过整形和修剪，使树木具有最佳的结果树形结构、枝干分布及其生长方向合理、通风透光性好、各枝组之间树势平衡，使所有的枝组均成为结果枝组，达到最佳结果能力。而且，还可以通过修剪调节果树的开花结果期。以观赏为目的树木，整形修剪可以形成优美树形，增加树木的美化效果，并且可以按照人们的要求修剪树木的形状，制作出各种观赏价值极高的优美的树木造型，提高树木的观赏价值。

　　整形修剪技术在树木的维护管理中也是比较重要的技术措施，对已经成型的树木，通过修剪来维持优美的树形。另外，整形修剪还可以消除安全隐患，特别对城市中一些树龄较大、树木体量和高度均较大的树木，有断枝、倾倒、导电和雷击的安全隐患，通过整形修剪，提前将有安全隐患的树枝和树干截除，减小树木体量和高度，避免和减小安全隐患。

　　本书从树木整形修剪的意义和作用、树木整形修剪的操作规程、树木修剪的常用工具及材料、整形修剪的树木学基础、树木修剪的技术、各种树形的整形修剪过程等几个方面来介绍树木整形修剪技术。书中配有大量图片，图文并茂地阐述各种修剪技术和不同树形的整形修剪过程。希望本书能够对树木栽培和管理的有关单位和技术人员有所帮助，同时希望通过本书与广大的树木种植者和管理者进行交流。

由于编者水平有限，希望广大读者和同仁对书中不足和疏漏之处给予批评指正。

编者

目　录

CONTENTS

第3章　园林绿化树木的整形修剪技术　　85

第1章

树木整形修剪基础

1.1 树木整形修剪概述

　　修剪是指利用园林修剪工具（手锯和枝剪、园艺剪）对树木的某些器官（枝、叶、花、果等）剪截和疏除，已达到调节花木器官的生长状态和生长方向、促进树木开花结果的目的；整形是指利用剪、锯修剪及绑扎材料的绑扎拉枝等方法和手段，使得树木形成一定的树体结构和形态。

　　整形修剪通常作一个名词来解释，其实，在应用上两者既有密切的关系，却又有不同的涵义。所谓整形一般是对幼树而言，是指对幼树实行一定的措施，使其形成一定的树体结构和形态，盆景的树木整形是对大树进行的整形措施；而修剪一般是对大树而言，修剪意味着要去掉植物的地上部或地下部的一部分。整形是完成树体的骨架，而修剪是在骨架的基础上增加开花结果的数量，并使开花结果与长树达到平衡。苗圃所培育的花木，少则需培育几年，如花灌木类，多则需培育十几年甚至几十年。一般三、四年生以下的花木，修剪的主要目的是为了整形，为了节约养分，一般是剪掉花序。三、四年生以上的大苗需要整形，更需要修剪。主要目的是培养具有一定树体结构和形态的大苗，有的大苗或盆栽大苗需要培养成带花带果的苗木。要达到这些要求必须对苗木进行整形修剪。不进行整形修剪的苗木，往往枝条丛生密集、拥挤、干枯，不能正常开花结果，病虫害严重，失去观赏价值。

总之，树木的修剪是手段，整形才是目的，整形是通过一定的手段来完成，修剪是在整形的基础上，根据某种树形的特定要求而实施的，两者之间紧密相关，最终目的都是为了树木的栽培和养护，培育出健壮、树形好、观赏价值高的合格树木。

整形修剪的目的是要快速培养出高质量大规格的树木，但是不同用途的树木，对于树形结构要求不同，树木的生长发育特点、栽培环境、栽培目的不同，整形修剪的方法和目的也有所不同。

1.1.1 树木整形修剪的意义

1.1.1.1 形成优美的树形

通过整形修剪可培养出理想的主干，丰满的侧枝，圆满、匀称、紧凑、牢固、优美的树形。通过整形修剪可以使植物按照人们设计好的树形生长与发展。

每种树木都有其自然美的树形，但从园林观赏的角度来说。单纯的自然树形不能满足人们的观赏需求，要通过适当的人为修剪整形加工，使树木在自然美的基础上，体现出自然与艺术融为一体的美。从树冠的结构上来说，经过人为的整形修剪，会使树木具有更科学、更合理的各级枝序、分布和排列，错落有致，各自占据一定的方位和空间，互不干扰、层次分明、主从关系明确、结构合理，最终达到使树形更加美观的效果。

1.1.1.2 调整树势

通过修剪可以调节树木的高茎比，即高度与粗度的比例。因生长环境的不同，即使同一种树木，也会出现高度与粗度比例不协调的现象，有的树冠过大，树干过粗，而树高较矮；有的高度较高，而粗度过细。出现这类现象，就可以通过修剪，逐步地进行调节和纠正，最终使得树木的树体整体比例协调，增强其艺术性和观赏性。

另外，通过修剪可以调节和促进树木局部的生长发育。所谓对局部的促进生长，是因为修剪使苗木总体的生长点减少，被保留下来的生长点会有更多的营养供应，这样就促进了局部的生长。此外，对贮存的营养物质的分配利用也相对集中，尤其是修剪中用高位优势壮芽当头时，易促其萌发健壮枝条，因而促进了局部的营养生长。

整形修剪可使植株矮化。苗木的地上部分经过修剪后，会使其总生长量减少，而促进局部生长，同时也常常影响苗木的生长和开花结果的平衡关系。因为疏剪一部分枝条，必然要减少苗木叶子、枝条的数量，就会使苗木减少其制造营养物质的数量，因而使树木生长量下降。修剪得越重，生长量下降就越多。

绿化美化用的大苗整形修剪技术与果树相似，但目的要求不完全相同。园林绿化大苗整形修剪的基本要求是，要在控制好干形的基础上，适当控制强枝生长，促进弱枝生长，从而保证冠形的正常生长。

花木进入老龄衰老阶段，树冠内部出现秃裸，生长势减弱，开花结果量减少，采用适度的修剪措施可以刺激枝干皮层的隐芽萌发成健壮的新枝，从而达到恢复树势，更新复壮的目的。

1.1.1.3 调节枝干生长方向

通过整形修剪来改变树木的干形和枝形。通过调整枝干的生长方向，一方面剪掉过多的不理想的枝条，可以创造出具有更高艺术观赏效果的花木姿态。如盆景树木，通过修剪整形，可以培育出古朴苍劲的干式及造型奇特各异的枝式和冠式，行道树通过整形修剪可以培育出主干通直、树冠饱满，并且不影响行人和车辆通行的树形类型，球形及造型树种通过整形修剪可以培育出符合要求的各种树形；另一方面，通过整形修剪，可以使缺枝方位的枝条得以补充，形成理想的冠形。

1.1.1.4 改善树冠通透性

通过整形修剪可以改善苗木的通风透光条件，减少病虫害，苗木健壮，质量提高。当树冠枝叶过密，会使树冠过度郁蔽，内膛枝得不到充足的光照，致使其下部秃裸，开花部位也随之外移，同时树冠内部相对湿度较大，极易发生病虫害。通过修剪，可以增加树冠通透性，使树冠内部通风透光，从而减少病虫害发生的机会，增强树体的抗逆性。同时，树冠通透还可以提高树体的抗风能力。

1.1.1.5 调控树木的开花结实

正确的修剪可以使树体养分集中，使新梢生长充实，同时促进大部分的短枝和辅养枝生长发育形成花果枝，形成较多的花芽，达到花开满树、果实满膛的目的。此外，通过适当的修剪不仅可以调整营养枝与花果枝的比例，促使其提早开花结果，还可以克服大小年的现象，从而提高树木的观赏价值和观赏效果。

1.1.1.6 增强景观美化效果

在园林景观设计及建造中，常常将各种树木以孤植、丛植、群植等形式搭配造景，多配置在一定的园林空间中或建筑、山水、小桥等园林小品附近，构成各类园林景观，创造出相得益彰的艺术效果。为了保持原有的设计效果，达到与环境的协调一致，就需要通过不断的修剪，才能控制和调整树木的结构、形态和比例尺度。例如，在狭小的空间配置的树木，要尽量修剪控制其形体尺寸，以达到小中见大的效果；栽植在空旷地上的庭荫树，则尽量使其树冠扩大，以形成良好的遮阴效果。一些树形优美的庭院花木，经过多年的生长，会长得繁茂拥挤，有的甚至会影响到游人的活动，从而失去其绿化和美化的目的和观赏价值，所以必须经常对其进行修剪整形，才能保持其美观与实用的作用。

1.1.1.7 提高移植成活率

树木在移植起苗时，根部会受到一定的损坏，移植后，根部不能及时供给地上部分充足的水分和养分，导致吸水和蒸腾的比例失调，这样就可能会使地上部分枝叶失水而枯萎。为了达到吸水与蒸腾的平衡，起苗前或起苗后，应当适当地剪去过长根、劈裂根、病虫根，疏剪地上部分的徒长枝、过密枝、病弱枝，还需摘除部分或全部树叶，才能够达到水分需求的平衡，特别是大树的移植，修剪更为重要。

1.1.1.8 避免和减小安全隐患

在城市园林绿地上，往往会有许多障碍物，在有障碍物方位的枝条，会造成一定的影响和危害，需要通过修剪来消除。通过修剪可及时剪掉枯枝死干，避免枝折树倒造成伤害事件。修剪控制树冠枝条密度和高度，保持树体、树枝与周边高架线路的安全距离，避免因枝干伸展过长而损害公共设施，同时避免伤害过往行人，如有些供电线路为裸线，树枝与电线接触，就有可能造成触电危害；对行道树进行适当的修剪还可以消除树冠对交通视线可能的阻挡，减少行车安全事故。

1.1.2 树木整形修剪的原则

1.1.2.1 遵循树木生长发育习性

树木种类繁多，各种树木之间有着不同的生长发育习性，要求采用相应的整形修剪方式。如榆叶梅、黄刺玫等顶端优势较差，但发枝力强，易形成丛状的树种，可整形成球形或半球形树冠；对于国槐、悬铃木的大型乔木，采用自然式树冠；对于蔷薇科李属的桃、梅、杏等喜光树种，为避免内膛秃裸、花果外移，则需采用自然开心形。另外，还应考虑树木的其他一些发育习性。

(1) 根据不同的树种及品种采用不同的修剪方法 干性较强的树种（如广玉兰、香樟、灯台树、喜树、鹅掌楸、银杏、朴树、天竺桂等），整形时应留有主干和中干，整形成卵形、倒卵形、圆形、椭圆形等自然式树形；对于顶端优势不强，而发枝能力很强的树种

（如榆叶梅、紫叶李、碧桃、垂丝海棠、木槿、扶桑等），应整形成不留中干的自然丛球形或半圆形；垂枝类树种（如龙爪槐、垂枝榆、龙爪柳、垂枝杏等），宜整形成伞形。

同一树种的不同品种之间树形也会有很大的差别，整形修剪方式也有所不同，如桃花不同品种树形差异很大。直枝桃要整形成开心形；寿星桃类整形成开心的圆形；垂枝桃整形成伞形；帚形桃整形成圆柱形。

（2）发枝能力　树木萌芽发枝能力的强弱存在很大差异，整形修剪的强度与频度在很大程度上取决于此。如悬铃木、大叶黄杨、金叶女贞等具有很强萌芽发枝能力的树种，耐重剪，可多次修剪；而梧桐、玉兰等萌芽发枝力较弱的树种，则应少修剪或只做轻度修剪。

（3）分枝特性　对于顶端优势强的主轴分枝树种，如银杏、毛白杨等树冠呈尖塔形或圆锥形的乔木，修剪时要注意控制侧枝、剪除竞争枝、促进主枝的发育，适合采用保留中央领导干的整形方式。而具有合轴分枝的树种，如白榆、樱花等易形成几个势力相当的侧枝、呈现多叉树干，适合整成圆球形或半球树冠。具有二歧分枝或多歧分枝的树种（如丁香等），由于树干顶梢在生长后期不能形成顶芽，下面的对生侧芽优势均衡而影响主干形成，可采用丛生式。修剪中应充分了解各类分枝的特性，遵循"强枝强剪、弱枝弱剪"的原则，才能平衡各枝之间的生长势。

（4）花芽的着生部位、花芽的性质和开花习性　在对花果类树木的整形修剪时，要对以下各类因素进行综合考虑。

① 不同树种的花芽着生部位有异　有的花芽着生于枝条的中下部，有的着生在枝梢顶部。春季开花的树木（如海棠、樱花等），花芽着生在一年生枝的顶端或叶腋，其分化过程通常在上一年的夏、秋季进行，修剪应在秋季落叶后至早春萌发前进行，以不影响花芽分化为好；夏秋开花的种类，如木槿、紫薇等，花芽在当年抽生的新梢上形成，在一年生枝基部保留3～4个（对）饱满的芽短

截，剪后可萌发出苗壮的枝条，虽然花枝可能会少些，但由于营养集中，能够开出较大的花朵；对玉兰、天目琼花等具顶生花芽的树种，一般不能在休眠期或花前期进行短截，否则开花数量会大大减少，但为了更新枝势时则可适当短截；对于榆叶梅、桃花、樱花等具有腋生花芽的树种，可视具体情况在花前短截，以调整开花数量和改善观赏效果。

②　花芽性质有所不同　有的树种花芽是纯花芽，有的为混合花芽。连翘等具有腋生纯花芽的树种，剪口芽不能是花芽，否则花后会留下一段枯枝，影响树体生长；而对于海棠等具有混合花芽的树种，剪口下可以是花芽。

③　开花习性也有差异　有的是先花后叶，有的是先叶后花。对于先花后叶的树种（如梅花等），修剪应在花后1～2周内进行，但此时树木已经开始生长，树液流动较旺盛，修剪量不宜过大；对于先叶后花的树种或花叶同放的树种，要在早春修剪，去除枯枝、扰乱树形的枝条，以维护良好的枝形，延长花期。

(5)　树龄及生长发育时期　树木的一生，根据发育的阶段可划分为幼年期、青年期、成年期和老年期四个阶段，整形修剪也应根据园林树木各个不同的生长发育时期采用不同的方法。

①　幼年期及青年期轻剪　由于幼年期的树木，有机物含量少，利于营养生长，而碳水化合物的含量又会随着修剪程度的加重而减少，所以，为使幼树尽快形成良好的树体结构，应对各级骨干枝的延长枝进行中短截，促进营养生长，为使幼年树提早开花，对骨干枝以外的其他枝条应以轻短截为主，促进花芽分化。如果幼树重剪，不仅开花晚，还会降低越冬抗寒能力。

②　成年期修剪　对于成年树木整形修剪的目的是在于调节生长与开花结果的矛盾，保持健壮完美的树形，稳定丰花硕果的状态，延缓衰老阶段的到来成年期树木处于开花结实的旺盛阶段，要防止开花结实过多，防止"大小年"现象，修剪时还要注意调节营养生长和开花结实的矛盾，同时，还要注意防止提前衰老。

③ 老年期更新修剪　衰老期树木生长势衰弱，树冠处于向心生长更新阶段，修剪主要以重短截为主，以激发更新复壮活力，恢复生长势，但修剪强度应控制得当，此时对萌蘖枝、徒长枝的合理有效利用具有重要意义。

修剪时不要程式化，要根据树木的具体情况来整形，根据树势来修剪，不能强求统一。生长旺盛的树要轻剪，通过变和甩放，以缓和树势，促进开花结果，如果修剪量过重会造成枝条旺长密闭，反而不开花。衰老枝宜重剪，抬高发枝角度，恢复树势。对于树势上强下弱的树，要抬高下部枝的角度，加大上部枝的修剪量；对于主枝之间的不平衡，要抑强扶弱，即强主枝强剪，弱主枝弱剪。对于侧枝间不平衡要强侧枝弱剪，使生长势缓和，利于花芽形成，消耗营养多，缓和树势，弱主枝强剪（短截到中部饱满的芽处），促使萌发较强的枝条，这种枝条形成花芽少，消耗营养少，从而使该侧枝生长势增强。

1.1.2.2　服从景观配置要求

(1) 园林风格对树木树形的影响　在传统的自然式园林中，树木应整成自然式树形，如世界文化遗产颐和园，是中国传统自然式山水园的代表，树木整形应以自然形为主，绝不能整成规则的几何形；在传统规则式园林中，如法国凡尔赛宫的树篱，树墙等采用规则式修剪或几何式整形；日本枯山水园林中枯山水旁的树木多为圆头形；混合式园林中，依据配置环境来整形。

(2) 配置环境对整形方式的影响　树木按照在园林上的使用功能分为行道树、庭荫树、园景树、花灌木、风景林、防护树、地被、绿篱、垂直绿化树等，同一种树种，功能不同，整形方法也不相同。

不同的景观配置要求有对应的整形修剪方式。如国槐，作为行道树栽植一般修剪成杯状，作庭荫树用则采用自然式整形。桧柏作孤植树配置应尽量保持自然树冠，作绿篱树种时则一般进行强度修剪，形成规则式。榆叶梅栽植在草坪上宜采用丛生式，配置在路边则宜采用有主干圆头形。

① 桩景形　可以留有主干，也可以没有主干，有主干的整形方式是：在主干上选留3～4个主枝，主枝上配备侧枝。通常在休眠季进行修剪，采用短截与疏剪相结合的手法。修剪时首先进行常规疏剪，然后进行短截枝条，一年生枝短截时保留的长度一般为10～25厘米，剪口芽一年留里芽，一年留外芽；也可以一年留左侧的芽，下一年留右侧的芽，使枝条形成小弯曲。也有的在幼树时对主干进行弯曲、蟠扎，整成一定的艺术姿态。修剪时还要注意枝组的培养和配置，使其树冠线成为波浪形。这种树形适合配置在建筑、山石旁。在春季可观花，不仅观全树花之美，还可以观其单朵花之个体美，单朵花花茎可达5.5厘米，花期长达6天；冬季还可以观赏枝条弯曲的姿态和神韵，很富有装饰性，具有梅桩的风姿，故起名为"桩景形"。颐和园做的这种整形很有代表性，也很适合世界文化遗产的性质要求。颐和园长廊南侧昆明湖岸边榆叶梅整成这种树形很适合。既丰富了景观，又不破坏大的效果。

② 圆头形　整形时可根据需要可留有主干，也可以没有主干。通常采取花后2周内进行短截，时间不可拖延过长。一年生枝短截时保留长度为10～25厘米，剪口芽留的方向也要变化，每年相互错开，同时也要进行常规疏剪。6月份必须进行定芽，每个枝条上留位置好的1～3个芽，其余的芽均抹去，又称"抹芽"，抹芽不可拖延到7月份，抹芽越晚，消耗的营养越多，对花芽分散不利。对于留有主干而整形成圆头形树冠的，起名"有主干圆头形"。这种整形方式比梅桩形的开花量大，但花径小、花期短，主要表现群体的美。适合配置在常绿树丛前和园路两旁。

③ 丛状扁圆形　这种整形方式不留主干，成为丛状。每年休眠季进行疏剪和回缩，一般不短截。大量的工作是疏枝，主要疏除过密枝、干枯枝、病虫枝、伤残枝和扰乱树形的枝条。这种整形因主枝丛生、分枝多又长，近乎自然形，故起名为"丛状扁圆形"。

这种整形方式容易留枝过多，造成树冠内密闭，不通风透光，内膛小枝容易枯死，所以修剪时要大量疏除过密的和衰老无用的枝条，才能维持良好的树形。这种整形方式花小，花径只有3厘米左右，单朵花开3～4天，主要表现花的群体美。适合配置在大草坪上和山坡上。此种整形方式符合榆叶梅的生物学特性，故而观赏寿命长，抗逆性也强。

④ 自然开心形　一般有明显的主干，主干上有3～4个主枝，若是无主干的则留3～5个主枝，主枝上均匀的配备侧枝，同级侧枝留在同方向。主枝明确，小枝多而自然。休眠季短截，结合回缩修剪。对主枝的延长枝进行中度短截，剪口萌生的枝条当年冬剪时疏去其中较旺的枝条，尤其是三叉枝中的中间枝去掉，留下两个，其中之一短截作枝头，另一个若为中短枝甩放，若过长枝轻剪，促分生中短枝，第二年对短截的枝条做相同处理，对甩放枝条将长枝疏除，留下中短枝作开花枝，逐步将其培养成侧枝或枝组。枝组的修剪：休眠季短截与甩放结合。短截时留枝长度10～25厘米枝条长短搭配适当。此树形要达到大枝亮堂堂、小枝闹哄哄的效果。自然开心形符合榆叶梅干性弱、强阳性的习性要求。

⑤ 圆球形　一般是休眠季修剪时先疏除枯死枝、过密枝，然后剪成球状。在北方干旱寒冷地区规则式配置时可以用，而在降雨量充沛，生长期长的地区容易造成通风不良，滋生病虫害，不宜提倡。

1.1.2.3　根据栽培地的环境条件

（1）树木生长地空间的大小　树木的生长发育不可避免地受到外部生态环境的重要影响。在生长发育过程中，树木总是不断地协调自身各部分的生长平衡，以适应外部生态环境的变化。例如，孤植树生长空间较大，光照条件很好，因而树冠丰满、冠高比大；而密林中的树木因侧旁遮阴而发生自然整枝，树冠狭长、冠高比小。因此，在整形修剪时要充分考虑到树木的生长空间及光照条件，通过修剪措施来调整树冠大小，以培养出优美的冠形与干体。生长空间充裕时，可适当开张枝干角度，最大限度地扩大树冠；如果生长空间狭小，则应适当控制树木体量，以防过分拥挤，有碍生长和观赏。对于生长在风力较大环境中的树木，除采取低干矮冠整形方式外，还要适当疏剪枝条，使树体形成透风结构，增强其抗风能力。即使是同一树种，因配置区域的立地条件环境不同，也应采用各种不同的整形修剪方式。如在坡形绿地或草坪上种植榆叶梅时，可整形为丛生式；在常绿树丛前面和园路两旁配置时，则以主干圆头形为好。桧柏在作草坪孤植树时整形为自然式，而在路旁作绿篱时则整形为规则式。

(2) 特殊地段树木的整形 在一些特殊的栽植环境或地段，整形要求不同于普通地段：盐碱地、地下水位过高及土层较薄的地段，树木的根系不可能很深，因此树体不宜太高，树冠内枝条和叶片不宜过密，树冠不宜过大，否则会被风刮倒，有安全隐患；风大地段树木的整形要求：如果是背风向阳处，因为风小，树形可以高大，树冠可以密集。而在风口处，为了防止被风刮倒，不宜留干过高、树冠过密，要控制树木的体量，适当疏枝，减少风压；屋顶花园的树木整形：由于受建筑物荷载的影响，屋顶花园种植土的土层一般较薄，因此树干不宜过高，树冠不宜过大，枝条不宜太密。如碧桃在土层深厚、下垫面承重能力强的地方，可以采取自然开心形或圆头形，并尽量开张角度，扩展树形。而在屋顶花园或土层很薄处，则宜采用控制修剪的方式，确保安全和美观。

(3) 不同的气候条件下树木的整形 在南方地区气候湿润，树木生长旺盛，树木体量大，整形修剪时树冠可以放大一些。当然，南方台风多的地方，一些浅根性的树枝不宜过高，枝条叶宜稀疏些。在北方地区种植不耐寒的边缘树种，树形不宜过大，因为防寒困难，也不利于树木越冬。如榆叶梅在甘肃、包头、哈尔滨的北方干旱地区一般整形成灌丛状、圆球形或扁球形，而在北京等温度稍高、降雨量较多的地区则整形成有主干的树形。另外，在北方地区夏季温度高、日照强，人们需要庭荫树；冬天干燥寒冷，日照时间短，人们需要晒太阳，所以，在北方庭荫树、行道树首先要满足遮阴的功能，树木体量宜大些，而在对遮阴需求不大的地区，则美化是首要的任务，树木可以修剪整形成几何形等观赏树形。

1.1.2.4　生态、经济与园林美学相统一的原则

整形修剪首先要分析树木所处绿地的等级，树木在景观中的地位，以及今后能够投入多少精力、修剪周期为多久、修剪人员组成等。如果是一级绿地中的主景树或重要的配景树，可以采取细致修剪；如果是三级绿地，而且又处于景观中次要地位的树木，可以采取简化修剪的方式，以求养护管理的经济性。

1.1.3　树木整形修剪的时期

1.1.3.1　影响园林树木整形修剪时期的因素

整形修剪时期受到树种（品种）的生态习性（尤其是抗寒性）、生物学特性、树木的生长发育规律、栽培地区的应用特点和劳动力条件等因素的影响。

（1）树木伤流对修剪时期的影响　树干基部受伤或折断时，伤口溢出液体的现象叫伤流。伤流是由根压引起的，伤流液中含有多种无机离子、氨基酸及植物激素。一般情况下，伤流对树木本身是无害的，相反伤流有益于防止菌类从伤口侵染到木材中；但是伤流会污染树皮，影响美观，所以园林中要尽量减少伤流的发生。为了减少伤流，在早期对枝条就开始定期修剪，防止要修剪的枝条长粗，确保疏除掉的都是细小的枝条，这样可以减少伤流。伤流严重的树种应避开根系吸水、根压较大而枝条仍在休眠时候修剪，不要在晚秋和冬季修剪。可在根系开始活动而且发芽后再修剪。易产生伤流的树种有：桦木属、榆属、皂荚属、木兰属、桑属、杨属、盐肤木属、柳属、刺槐属、山茱萸属、鹅耳枥属、朴属、槭属、槐属、核桃属、香槐属等。北京地区，葡萄等可在落叶后，防寒前进

行修剪，此时伤口愈合快。

（2）同一树种在气候不同的地区修剪时期不同　如紫薇，在原产地从秋季晚期到冬季中期进行修剪，都不会发生冻害；而温带地区有暖冬天气发生时在晚秋修剪，容易产生冻害。因为这种修剪后萌发的枝条水分含量大，抗寒性差很容易受害，甚至轻度的霜就会形成伤害。在亚热带地区，冬天低温也可能使晚秋和冬天修剪产生的伤口受害，对于栽培地处于其适生分布区边缘的植物尤其是这样。如果对亚热带地区的树木的抗寒性没把握的话，应当延迟重剪，最好在春天萌发前修剪。抗寒性差的树种最好在早春修剪，以免伤口受害。那些一年有多次生长高峰的树种，晚夏修剪可能会刺激枝条增加一次新的生长，这些后生长的秋梢易受早霜的危害。

（3）不同年龄阶段及不同生长势的树木，修剪早晚效果不同　幼年树、旺长树推迟修剪可以缓和树势，削弱当年的生长量，增加短枝量，促使提早开花或增加开花量。

（4）不同时期修剪对树木生长速度的影响　总体上讲，幼年树木不修剪生长最快，但这种放任生长不一定能满足栽培要求，所以要适时地进行修剪，使树木成形最快，景观效益最好。要使树木快速生长，一般情况下，温带地区的落叶树和半常绿树应该在休眠季进行修剪。热带、亚热带地区的常绿树在较寒冷的月份可能仍在继续生长，这些树木应当在春天新梢开始生长之前修剪。为了抑制树木生长，达到矮化的目的，最好在每次新梢生长结束之后进行修剪，叶片生长已经完成，叶色变成深绿色，此时修剪减慢了根系的生长，并且消耗了储存的能量，达到了矮化的效果。注意只能对旺盛生长的健康树木在此时修剪，控制生长不健康的树，或者树体受到损害的树，新梢开始生长后能量储存低的时期，不能去掉活的枝条，否则会进一步加大能量的消耗，甚至可能导致树木死亡。

（5）不同时期修剪对伤口愈合的影响　大多数树木在春天萌芽前修剪伤口愈合最快。在春天新梢生长结束后，新叶变成深绿色时修剪，伤口愈合也很迅速。伤口愈合快减少了疾病和腐烂微生物进入树体的机会，利于预防伤口腐烂。什么时间修剪最佳，不同树种之间有差异。休眠季修剪可以减少不必要的芽萌发。

（6）修剪时期对开花数量的影响　在花芽形成后从树上除活的枝条，减少了花芽数或潜在的开花量。为了把修剪对下一年开花量的影响降到最低，对香槐属、唐棣属、梨属、木兰属、七叶树属、海棠属、山茶属、紫荆属、丁香属、腊梅属、银钟花属、李属、山茱萸属等早春开花的树木，应在开花后马上进行修剪。因为这些树木在夏秋进行花芽分化，第二年开花。在开花末期与晚春之间短截枝条不会影响下一年花芽数。事实上，对这些早春开花的花木，新梢摘心会增加枝条的数量，提高来年的开花数。在其他时间修剪早春开花的树木，只会使来年的花芽数减少，影响下一年的开花量。紫薇等夏秋开花的树木，花芽属于当年分化型，通常在初夏新梢开始生长几周之后摘心，促进侧枝的形成，这些侧枝都可能形成花芽。因此，摘心比不摘心形成的花芽更多，但花朵直径要小些。

（7）修剪强度对花径大小的影响　重度修剪减少树木新梢的数量，且新梢生长旺盛，但花期会晚1周左右，具体情况因修剪时间和修剪量而不同。有些树木（如山茱萸）被短截修剪后形成的旺盛新梢一年内是不会开花的。小于10％轻度修剪对树体的伤害较小，只减少了部分的光合面积，但像摘心等，虽然修剪量不大，但能打破树体顶端优势，形成大量的侧枝。如紫薇、栾树等树木严重打头常常造成开花数量减少，但花朵直径更大。紫薇每年都这么修剪会破坏树形，相反应考虑截去树梢以便形成繁茂的树冠。

（8）修剪时期对病虫害防治的影响　适当的修剪可以改善树木光照条件，使树冠通风透光控制病虫害的发生，但是如果修剪不当则会造成病害的传播。如有些地区的云杉属树木易感染溃疡病，患这种病的枝条会枯死，一旦发现树木感染溃疡病，应尽早疏除染病枝条。有些松树容易感染拟球果菌属引起的枝枯病，这种病能致树木于死地。患这两种病的树木，最佳修剪时间是在天气干燥的时候，这样可以阻止新暴露的木质部感染病害。栎树枯萎病是靠甲壳虫传播的，春天和初夏传播这种病害的昆虫特别活跃，不宜在此时修剪，同时在伤口上涂敷料防止昆虫接触修剪伤口，这样可减少感染的可能性。

(9) 天气因素对修剪的影响 受到严重干旱胁迫的树木，树势衰弱，恢复树体需要更多的能量，因此要推迟修剪，阴雨天气不要修剪患有传染病的枝条，否则，易引起人为传播病害。

(10) 修剪量对整形时期的影响 对于大多数树种来说，去掉的枝叶量低于10％，随时可以进行，而且不会影响树木生长。如果剪去的枝叶量大于25％或新梢开始生长时修剪，很多树木的修剪反应是萌芽过多。在芽萌发时修剪，树皮和形成层很容易损坏，此时储存的能量通常也很低，因此这个时期最好不要重修剪。活的枝条最好在休眠季节或者在叶片变成深绿色，并且修剪后紧跟着一个生长高峰时进行修剪。

(11) 劳动力因素 春季劳动力充足的单位，早春开花的花木可以在春天花后进行。修剪时期的确定，除受地区条件、树种生物学特性及劳动力的制约外，主要着眼于营养基础和器官情况及修剪目的而定。要根据具体情况综合分析，确定合理的修剪时期和方法，才能获得预期的效果。早春开花树种花芽多在前年秋冬形成，春季修剪可达到维持花量、保持树体营养的目的，但由于春季的农忙季节，导致春季修剪劳动力不足。在春季劳动力充足的地区，对早春开花的树木，可以花前进行树体结构修剪，调整花量，花后进行细致修剪，剪去残花，保证充足的树体营养。

1.1.3.2 树木修剪时期的划分

树木的生长发育随着一年四季的变化而变化，在不同季节进行修剪会产生不同的修剪反应。为了达到理想的整形修剪目的，需要选择合适的修剪时期。从理论上讲，整形修剪全年均可进行，只要方法得当都可以取得较为理想的结果。在实际操作中，整形修剪主要分为两个时期，即休眠期修剪和生长季修剪。

（1）休眠期修剪　休眠期修剪又称冬季修剪，是指树体落叶休眠到翌年春季萌芽开始前进行的修剪。此时，树木生理活动滞缓，枝叶营养大部分回流到主干和根部，修剪造成的营养损失最少，伤口不易感染，所以对树木的影响较小。修剪的具体时间，要根据当地冬季的具体温度特点而定，如在冬季严寒的北方地区，为防止修剪后伤口受冻害，可以在早春萌芽前修剪为宜；对于耐寒性略差，需要保护越冬的花灌木，可在秋季落叶后立即重剪，然后埋土或包裹树干防寒。

对于一些有伤流现象的树种，要根据其伤流的具体时间确定修剪时间。如葡萄可在春季伤流开始前修剪；核桃应在果实采收后至叶片变黄前修剪。

为提高新栽植树木的成活率，常常在栽植前或早春对地上部分进行适当修剪。

（2）生长季修剪　生长季修剪又称夏季修剪。指春季萌芽后至秋季落叶前的整个生长季内进行的修剪。生长季内树木生长旺盛，枝叶量大，容易影响树体内部的通风和采光。所以，此时修剪的主要目的是改善树冠的通风、透光性能。此期一般采用轻剪，以免因剪除枝叶量过大而对树体生长造成不良的影响。具体内容如下。

① 疏除冬剪截口附近萌发的过量新梢，以免干扰树形。

② 抹除嫁接口附近的无用芽，除去砧木基部萌蘖等，保证接穗健壮生长。

③ 花后及时修剪残花、避免养分消耗，促进夏季开花树种的花芽分化；对于一年内多次抽梢开花的树木，如花后及时剪去花枝，还可促使新梢抽发，再次开花。

④ 随时去除扰乱树形的枝条，保持观赏树形。

⑤ 保持绿篱树形的整齐美观。

⑥ 对常绿树夏季修剪，可避免出现冬季修剪时造成的伤口受冻现象。

1.1.3.3 树木修剪的周期

所谓修剪周期就是指两次修剪的间隔期。不同的树种的修剪周期不同，不同等级绿地的树木修剪周期不同。树木选择合理，种植设计科学是减少修剪次数和修剪量的最好方法。

（1）苗圃中苗木的修剪周期 为了培养牢固的树体骨架，在幼年期就要开始修剪。尤其是枝条具有下延生长习性的树木，如栎属、槭属的树木，应当从一年生时就开始修剪。在修剪树木时，要先决定这个树木的培养目标是什么，是培养成乔木作行道树、庭荫树、防风林树木、障景树，还是培养成小型多干的园景树，要根据培养目标进行修剪。要想象一下 10～20 年以后这个树的树形是什么样，这棵树的永久性大枝将位于树干的什么位置，并且要尽早辨别出这些永久性大枝。通过截和疏的方法减缓临时枝的生长速度，车行道旁的行道树，第一个永久枝条通常位于离地面 2.5～4 厘米的位置。为了使树木生长快又不萌芽过多，要定期进行轻剪。2～3 年生的树木第一次修剪去掉一些直径 1.3 厘米以上的枝条，这样可暂时降低树木的生长速度。如果苗圃中幼树超过 1/4 的枝叶量需要疏除的话，要分多次进行。树木每年修剪多少次，因培养苗木的质量、树木的种类、生产地的气候条件以及其他因素而异。在气候较暖和的地区，第一年修剪 1 次，在第二、第三年每年修剪 2 次，能培养出质量高的苗木。如果前三年培养出了高质量的树体结构，在苗圃中的第四、第五年可能只需要一次修剪。这个修剪方案既预防了疏除大枝产生的大伤口，也促使了骨干枝的更快生长。在气候较冷地区生长的树木，每年修剪一次就足够了，而在我国南部温暖的地区或许一年需要修剪 3 次。

（2）绿化地树木的修剪周期 在绿地中已经定植作为各种绿化用途的花木，要通过定期的整形修剪来形成和维护理想的树体结构。如果连续 5～10 年不进行修剪，将产生一些很难纠正的树体结构方面的问题，如果延误 10～15 年，树形就会很差，根本不可能纠正这些缺点。因此,要进行定期的整形修剪和维护,但所有的树木采用相同的修剪时期也是不科学的,树木的生态习性、树冠的形状、树木生长的速度、栽植地的土壤条件、风的情况等因素都会影响到修剪周期的制定。寒冷地区树木生长速度慢,修剪恢复的速度也较为缓慢,修剪周期长,在寒冷地区为了改善树体结构,创造一个开心形的树形,比温暖地区要花更长的时间才能够实现和完成。

修剪周期决定着本次修剪的最大量和修剪伤口的大小,修剪伤口越大,产生腐烂和劈裂的可能性也就越大,为了使修剪的伤口小,修剪周期就要尽可能缩短。截干在创造强健的树体结构方面起着重要的作用,对于大多数树木而言,保持截面的直径小于7.5厘米才是非常合理的,而合理的修剪周期就是既能够保持将来疏剪的枝条直径小于7.5厘米,同时也能达到修剪目的。为了培育出理想的树形,园林中幼树的修剪次数要比年龄较大的树木多一些。

公共设施旁的树木应该采取预防性修剪方案,预防性修剪是指由专业人员制定修剪方案、按修剪计划修剪,确保市政设施安全,而不是在问题发生后才采取补救措施。

1.1.4 树木整形修剪的程序

1.1.4.1 调查分析

作业前应认真观察树木配置的环境,分析其在环境中的功能,据此确定树木的修剪形态。进而对计划修剪树木当前的树冠结构、树势、主侧枝生长状况、平衡关系以及树种习性、修剪反应等进行详尽观察和分析。

(1)观察环境 了解园林类型,是古典园林还是现代园林,并判断园林风格类型,观察树木周围的环境,确定修剪花木在园林中的首要功能是什么,进而决定应该采用什么样的树形和体量。环境决定功能，功能决定树形和体量。

（2）观察树种和品种　根据树木树皮、树枝、芽等的特点，从树木的分枝习性和当年生枝的情况分析枝芽特性。

（3）观察树龄、树势和树体结构的安全性　从树干开始向上看，根据树木层次、修剪痕迹判断树木的年龄阶段；根据一年生枝的生长量和花芽情况判断树势，看上下或主枝间树势是否均衡；从枝龄、内含皮、主从关系等方面观察树体结构是否安全；观察修剪反应如何，确定本次的修剪目的和修剪量。

（4）归纳分析修剪的计划和目标　通过观察，归纳分析原来的修剪计划和目标，确定本次修剪的原因和目的。常见的修剪原因有：改善树干和树枝的结构，剪除树木结构上的缺陷，恢复因外力作用而损伤的枝条；剪除死枝；减轻长枝末端的重量，降低枝条断裂的危险性；清理人行道、街道、建筑物附近的枝条；使树冠符合园林要求；提高开花量；疏果，消除落果对行人的危害；减少树木体量；减缓树枝速度；减缓生长速度；增厚或稀疏树冠；剪除病虫枝；引导未来的生长方向；树冠造型。

在明确修剪目标之后，要想象一下所修剪的树木在 10～20 年之后将会是什么样的景观，然后决定应该剪除的枝条以及正确的修剪方式（图 1-1）。有些树不宜剪除活的枝条，如老龄树、不健康的树、树势正在衰弱的树木、有大量树皮缺失的树、刚移植的树木，这些树木在修剪时最好不要剪除活的枝条，因为活的枝条和叶片有助于树体恢复。对于古树名木，一般不要剪除活的枝条。

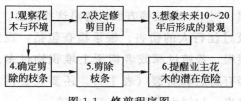

图 1-1　修剪程序图

1.1.4.2　制定整形修剪方案

根据上述调查和分析结果制定出具体的整形修剪方案。尤其是对重要景观中的树木、古树名木或珍贵树木，修剪前需慎重咨询专家意见，或在专家指导下进行。

1.1.4.3　培训修剪技术人员

修剪人员作业前必须接受严格的岗前培训，使其掌握园林树木整形修剪的基本知识、操作规程、技术规范、安全规程及特殊要求等，考察合格后方能独立工作。

1.1.4.4　规范修剪程序

根据既定的修剪方案，按先下后上、先内后外、由粗到细的顺序进行。先从调整树木整体结构入手，去除对树体影响较大的枝条；之后疏剪枯枝、密生枝、重叠枝；再按大、中、小枝的次序，对多年生枝进行回缩修剪；最后，根据整形需要，对一年生枝进行短截修剪。修剪完成后检查是否有漏剪、错剪，并及时更正。

1.1.4.5　注意安全作业

安全作业包括注意作业人员及周围行人的安全。一方面，作业人员要有安全防范意识、配备必需的安全保护装备，以保证个人安全；另一方面，在作业区边界应设置醒目的标记，避免落枝伤害行人。当多人同时作业时，应有专人负责指挥，以便高空作业时的协调配合。

在决定修剪树木之前，要仔细检查树体是否安全。树木的安全隐患包括树根、树干、树枝等方面，忽略这些隐患，就有可能造成对修剪人员及过往行人的伤害。根系检查包括：观察是否有缠绕根、断根、烂根，栽植过深或者树干上堆积物过多。树干检查包括：观察是否有腐烂和劈裂（表1-1）。还要观察树木周围环境是否存在安全隐患，如树木附近有无高压线等。

表 1-1　树根、树干及其他不安全因素

树木部位	不安全因素
根部	缠绕根,偏根,根腐烂,根系浅,根颈处土壤开裂,栽植过深,根系劈裂
树干	树干有菌类,大枝被锯除,枝条中空,树干腐烂,树干劈裂或有孔洞,树干上下一样粗,有枯死枝,枝的连接处有内含皮,曾经截干,林植树变为孤植树,有蛀干害虫的危害
其他	附近有高压电线的危险,严重倾斜的树

1.1.4.6　清理作业现场

为保证环境整洁和人员安全,要及时清理运走修剪下来的枝条,或利用削片机在作业现场就地把树枝粉碎成木片,可节约运输量并可再利用。

1.1.5　树木整形修剪的注意事项

1.1.5.1　修剪口状态

修剪枝条的剪口要平滑,与剪口芽成 45°角的斜面,使剪口伤面小,有利于愈合,且芽萌发后生长快;疏枝的剪口处不留残桩;确定剪口芽的方向时,应从树冠内枝条的分布状况和期望新枝长势的强弱考虑,需向外扩张树冠时,剪口芽应留在枝条外侧,如欲填补内膛空虚,剪口芽方向应朝内;对生长过旺的枝条,为抑制枝条生长,以弱芽当剪口芽,扶弱枝时选饱满的壮芽。

短截、疏剪、换头等修剪技术都存在剪口是否合理的问题,对于剪口处理总的技术要求是既要有利于伤口的愈合,又要有利于剪口附近芽萌发和枝条的生长。

(1) 短截时剪口的处理　在修剪具有永久性各级骨干枝的延长枝的时候,应该特别注意剪口与剪口下方芽的关系。在短截的时候,剪口的状态和芽的位置关系有 6 种情况:①剪口剪成 45°的斜面,芽的一面高、背面低,剪口下端与芽的腰部相齐,上端的长度为芽上 0.8～1 厘米,与芽尖几乎相平齐。这种剪口是最合理的一种，剪口的面不大，有利于养分和水分的供应，使剪口的截面不易干枯，而且愈合很快，芽的抽梢和生长也非常理想；②剪口斜面大于45°，剪口的位置和剪口上面留干的长度与上一种相近，这种方法剪口过大，剪口下端超过芽基部的下端，水分蒸腾过烈，影响芽的生长势，使芽的萌发和生长受到影响，甚至会导致芽失水枯死；③剪口成45°斜面，芽的一面低、背面高，这种方法不利于芽的保湿，芽的萌发和生长不利，芽容易枯死；④剪口为平口，位置在芽上0.8~1厘米处，与芽尖几乎相平齐，这种剪口基本可以，但会使芽的生长方向不理想，萌发长枝条后会在枝上方留下枯桩，而且在操作时会因不小心把芽尖剪掉而使剪口下的芽不能萌发长枝条；⑤剪口剪成45°的斜面，芽的一面高、背面低，芽上面的枝条留桩长度超过2厘米，这种方法对芽的保护较好，但最大的弊端就是，剪口下面的芽萌发后不易成为主枝，剪口下芽上面的留桩会形成枯桩，枯桩很难愈合，很难被新梢包裹，会降低苗木的等级；⑥剪口为平口，剪口到芽的长度大于2厘米，这种方法与上一种的情况基本一样。

（2）疏剪时剪口的处理　在疏枝修剪时，要尽量缩小伤口，应自分枝点的上部斜向下部贴主干全部剪掉，尽量不要留下残桩，剪口尽量小，这样，剪口很容易愈合，隐芽萌发也不多。如果留有残桩或留桩过长，会形成一段枯死桩，随着主干的生长，逐渐嵌入主干组织内，使剪口很长时间都不能愈合，枯死桩很可能成为病虫的集穴。疏剪的枝条如果是多年生的大枝，直径较大，修剪时必须用锯子锯除，操作时先从枝下浅锯，然后再从上方锯下，这样可避免锯到快断时因枝条自身的重量向下而折断撕裂锯口，造成伤口过大不易愈合。用枝锯锯断的树枝锯口较大，而且表面粗糙，要用刀修削平整，以利于伤口愈合，为了防止伤口水分蒸发或因病虫侵入引起伤口腐烂，应该涂抹保护剂或用塑料膜包扎。

（3）换头时剪口的处理　换头的剪口通常是斜面，倾斜度比短截小，方向与短截一样，背对剪口下枝条，即枝条上方高、对面低，不能颠倒，否则会影响剪口下方枝条的正常生长。

1.1.5.2 修剪中剪口芽的选留

修剪永久性的主干或骨干枝时，除了注意剪口芽与剪口的位置关系外，还应该注意剪口芽的选择，因为剪口芽的强弱不同，抽生出的枝条强弱和姿势也不一样，剪口芽留壮芽，抽生的枝条就较为强壮，剪口芽留弱芽，则抽生弱枝。由于剪口芽的方向就是将来延长枝的生长方向，因此，必须从树冠整形的要求来具体研究应该留哪个方向的芽。

通常，如果剪口芽萌发的枝条作为延长枝培养，剪口芽应选留使新梢主干延长方向直立生长的芽，同时要和上年的剪口芽相对，即留另一侧，也就是主干延长枝如果头年选留左边的芽，第二年就要选留右边的芽，使其姿势略保持平衡，不要每一年都留一个方向的芽，这样会使主干偏向一个方向生长，很难使主干延伸后呈直立生长的姿势。

如果留作主枝延长枝，为了扩大树冠，宜选留外侧芽为剪口芽，芽萌发后可抽生斜生的延长枝。如果主枝过于平斜，也就是主干开展角度过大，生长势弱，短截时剪口芽要选留上芽（内侧芽），则萌发抽生斜向上的新枝，从而增强树势。所以，在实际工作中，要根据树木的具体情况，选留不同部位和不同饱满程度的芽进行剪截，以达到平衡树势的目的。

1.1.5.3 防止枝干劈裂

在修剪较粗的树枝和树干时，要避免树干劈裂。可分步作业。先在离要求锯口上方 20 厘米处，从枝条下方向上锯一切口，深度为枝干粗度的一半，再从上方将枝干锯断，留下一段残桩，然后从锯口处锯除残桩，则可避免枝干劈裂。

1.1.5.4 注意剪锯口保护

在锯除较大的枝干时往往造成伤面较大，雨淋或病菌侵入后导致伤口腐烂。因此，在锯除树木树干时，锯口一定要修理平整，然后用 20％的硫酸铜溶液消毒，最后涂上保护剂（保护蜡、调和漆等），起防腐防干和促进愈合的作用。

（1）液体保护剂　原料按重量为松香 10 份、动物油 2 份、酒精 6 份、松节油 1 份。先把松香和动物油一起放在锅内加热，熔化后立即停火，稍冷却后再倒入酒精和松节油，搅拌均匀后倒入瓶内密封贮藏，防止酒精和松节油挥发。使用时用毛刷涂抹即可。这种液体保护剂适用于小型伤口。

（2）固体保护剂　原料为松香 4 份、蜂蜡 2 份、动物油 1 份（重量）。先把动物油放入锅里加热熔化，然后撤掉旺火，立即加入松香和蜂蜡，再用文火加热并充分搅拌，待冷凝后取出，装在塑料袋密封备用。使用时，只要稍加热使其软化，涂抹于伤口上即可。这种固体保护剂用于涂抹大型伤口。

1.1.5.5　注意落叶树和常绿树在修剪时期上的差别

冬季落叶树地上部分停止生长，养分大多会流到主干和主枝，此时修剪养分损失少，伤口愈合快。而常绿树的根与枝叶终年活动，虽然冬季新陈代谢相对较弱，但养分不能完全用于储藏，剪去枝叶时会造成大量养分损失。同时，由于冬季气温较低，剪去枝叶还有冻害的危险，所以冬季修剪会严重影响常绿树的长势。

1.1.5.6　在修剪中应使用合适的器械工具并注意安全

使用前应检查上树机械和折梯各个部件是否能正常工作，防止事故发生。上树操作时要有安全保护设施。在高压线附近作业时，要特别注意安全，必要时请供电部门配合，避免触电。行道树修剪时，有专人维护现场，以防锯落的大枝砸伤过往行人或砸坏车辆。

1.2　树木整形修剪的工具和材料

树木种类繁多，其培育目的和整形修剪方式各有不同。为达到良好的整形修剪效果和提高工作效率，需要使用得心应手的修剪工具。常用的工具主要有剪、锯、刀、梯子、保护用品和材料等。

1.2.1 修枝剪

修剪中常用的剪有圆口弹簧修枝剪、直口弹簧修枝剪、高枝剪、绿篱剪和残枝剪等。

1.2.1.1 手剪

手剪是圆口弹簧修枝剪（图1-2），剪身全长20厘米左右，剪口长度5厘米左右，下剪片呈凹下半圆形，上剪片为凸出半圆形。装有弹簧使两个剪片自动张开，每次剪断枝条后，手压力松开后，剪片能够自动张开，在不使用时有扣合口将其扣合。这种修枝剪剪身短小，只适合单手握持操作，故称手剪。手剪力矩短，剪力小，只能剪断直径较小的枝条，一般在直径3厘米以下的枝条，当年萌发的新枝、嫩枝，可以剪断3～4厘米粗的枝条，老枝直径超过2厘米时，用手剪剪断就比较困难。手剪由于剪身短小，使用灵活，修剪效率高，所以在修剪中使用较为广泛，主要用于新枝的短截和疏剪，以及二年生枝的缩剪。手剪的使用根据使用者手部力量的大小而有一定的差别，力大者剪断枝条容易些，而手力小的操作人员剪断枝条就困难一些。在剪断枝条的时候，可以用另一只手稍用力

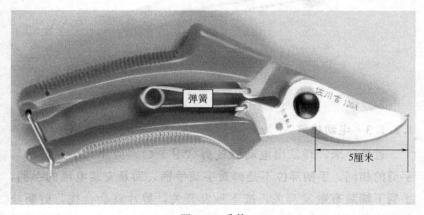

图1-2 手剪

向剪口的反方向推，就能够较容易地剪断枝条。

1.2.1.2 粗枝剪

粗枝剪是能够剪断直径较粗枝条的枝剪（图 1-3）。剪口剪片的形状和手一样，长度比手剪长一些，一般在 8～10 厘米。手柄较长，一般在 60～80 厘米，甚至更长，超过 1 米。粗枝剪不安装弹簧，剪口张开靠手力拉动，不能够自动张开。由于手柄长，力矩大，而且一般用双手操作，所以能够剪断直径较粗的枝条，直径 3～5 厘米的新枝和 2～4 厘米的老枝就可以用粗枝剪一次性剪断。直径超过 5 厘米的枝条，用粗枝剪一次性剪断就比较困难，一般都采用锯子锯截。粗枝剪虽然能够剪断较粗的枝条，但需要双手操作，所以修剪效率较低，一般在 2～3 年生的枝条回缩或直径 3～4 厘米的枝条的疏除时采用。

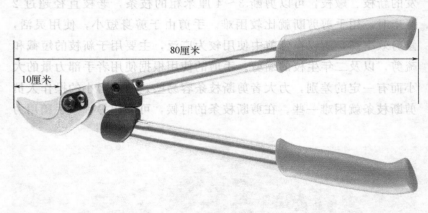

图 1-3　粗枝剪

1.2.1.3 电动枝剪

近些年来，开发出电动修枝剪（图 1-4），剪片大小和形状与手剪的相同，手柄部位不是弹簧手动手柄，而是安装电池的手柄，手柄下端装有触发开关，按下触发开关，剪片就会合拢，剪断枝条。修剪枝条的粗细根据电动修枝剪的功率大小而定，功率大的可

A   B

图 1-4 　电动修枝剪
A—安装干电池的电动修枝剪；B—配备蓄电池的电动修枝剪

以剪断直径较粗的枝条；修剪时间的长短也同样取决于装配电池的电量。因此，为了使电动修枝剪的修剪时间持久，使用蓄电池代替普通干电池，能够明显延长修剪时间。电动修枝剪操作时只需按压开关，所以修剪比较省力，修剪效率高。

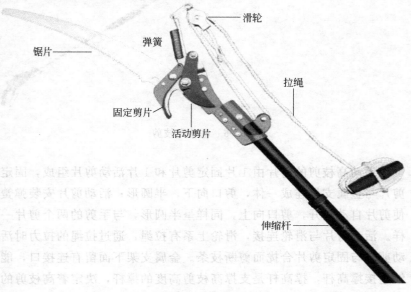

图 1-5 　手动高枝剪

1.2.1.4 高枝剪

当需要修剪的树木枝条位置过高，用普通修枝剪不能完成修剪动作时，可用高枝剪剪除多余的枝条，以避免高空作业。

高枝剪有手动高枝剪（图1-5）和电动高枝剪（图1-6）两种。手动高枝剪也就是普通高枝剪，目前使用较为广泛，但不久的将来就可能被电动高枝剪所代替。

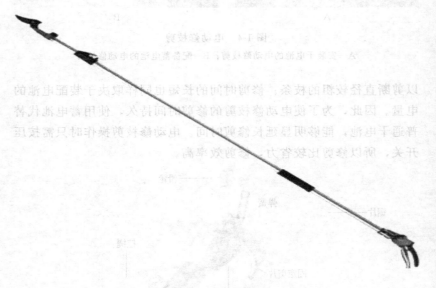

图1-6　电动高枝剪

手动高枝剪的剪片由1片固定剪片和1片活动剪片组成，固定剪片与金属支架连成一体，剪口向下，半圆形；活动剪片安装弹簧使剪片自动张开，剪口向上，同样呈半圆形，与手剪的两个剪片一样。活动剪片与滑轮连接，滑轮上系有拉绳，通过拉绳的拉力时活动剪片与固定剪片合拢而剪断枝条。金属支架下面留有连接口，能够连接撑高杆，撑高杆是支撑高枝剪高度的撑杆，决定着高枝剪的修剪高度。撑高杆有木杆、竹竿、金属杆、塑钢杆等，重量为金属杆＞木杆＞竹竿＞塑钢杆，一般高度都能够达到3～4米，目前厂家生产的高枝剪撑高杆大多是采用塑钢材料制作，并且制作为可伸缩的撑杆，缩回后只有1～1.5米长，拉伸后可达3～4米或更长，重量较轻，操作方便。在支架顶端还装配1条锯片，形成高枝锯。对于着生位置较高而高枝剪剪不断的较粗的枝条，可以使用该锯片锯断。

电动高枝剪的原理与电动枝剪相同，只是安装1根较长的连杆，能够修剪着生位置较高的枝条。

1.2.1.5 绿篱剪

适用于绿篱、球形树的修剪。同样有手动绿篱修枝剪和机动绿篱修枝剪两种。

手动绿篱修枝剪也称园艺剪（图1-7），主要用于修剪直径较小的嫩枝，着重在于树体或绿篱的外部轮廓的精细修剪。园艺剪由两块主要构件用螺丝连接，每块构件由剪片、连接部和手柄三部分组成，三部分是一体铸造而成，剪片长度一般为20～30厘米，手柄长度比剪片稍长，一般在30～40厘米。无弹簧装配，剪刀的开

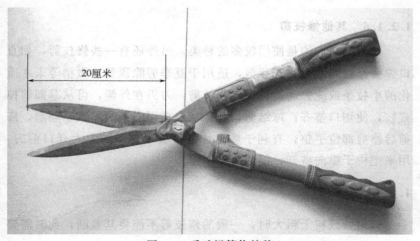

图1-7 手动绿篱修枝剪

合完全靠手动。

机动绿篱修枝剪是装配汽油机为动力的绿篱修剪机，有双面剪口（图 1-8A）和单面剪口（图 1-8B）两种。双面剪口可以从两个方向进行修剪，修剪效率高，操作灵活，但修剪下来的枝叶收集打扫较困难；单面绿篱修剪机虽然只能从一个方向修剪，但设置有残枝收集板，可以将修剪下来的枝叶及时收集。

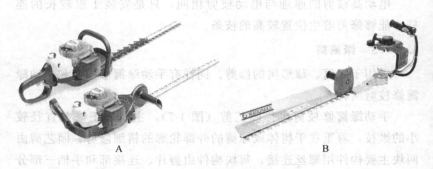

图 1-8 绿篱修剪机

A—双边剪口绿篱修剪机；B—单边剪口绿篱修剪机

1.2.1.6 其他修枝剪

以上修枝剪均是使用较多的种类，另外还有一些修枝剪，如直口弹簧修枝剪，也称花芽剪，适用于夏季剪除顶芽、嫩梢等未木质化的小枝条或疏去幼龄花果；残枝剪，刀刃在外侧，可从基部剪掉残枝，使切口整齐；球结剪，剪片从水平面向下凹陷成半圆形，修剪后修剪部位平整，有利于剪口恢复；破干剪，纵向大开口剪刀，用来把树干纵向剪开，促进树干增粗。

1.2.2 修枝锯

当树枝或树干粗大时，一般的修枝剪不能将其截断，此时需要用手锯或电动锯等来完成锯除工作。

1.2.2.1　手锯

手锯（图 1-9）适用于 5～10 厘米粗的大枝条的剪截。锯条薄而硬，锯齿细而锐利，长 25～30 厘米，设有 10 厘米左右长度的手柄。手动操作灵活，携带方便，但工作效率不高。

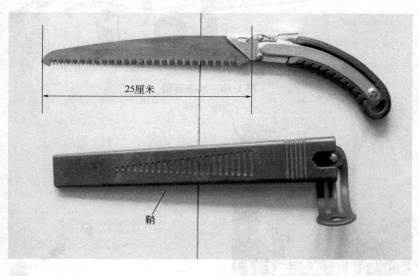

25厘米

鞘

图 1-9　手锯

1.2.2.2　汽油链锯

汽油链锯（图 1-10）是装配汽油机的链锯。适用于修剪粗壮的树干和枝条，当要修剪的树干和枝条直径大于 10 厘米时，手锯操作比较困难，这时就可以使用油锯来锯截。使用汽油链锯可以使操作简便，减轻劳动强度。可根据修剪树木枝条的粗度选择适当型号。

1.2.2.3　高枝锯

高枝锯是用于锯除位置较高的粗壮枝条。有手动高枝锯（图 1-11A）和汽油机高枝锯（图 1-11B）以及电动高枝锯。手动高枝

图 1-10　汽油链锯

A   B

图 1-11　高枝锯

A—手动高枝锯；B—汽油机高枝锯

锯可以用锯片绑扎在撑高杆上，但一般是与高枝剪联合在一起，能
剪断的用高枝剪剪断，不能剪断的再用高枝锯锯截。手动高枝锯效
率低，但安全简单易行；电动高枝锯和汽油机高枝锯锯截效率高，
但重量较大，操作困难，危险性较高。

1.2.2.4　汽油动力组合修剪机

用汽油机作为动力，在连接杆上连接不同的构件就可以成为不

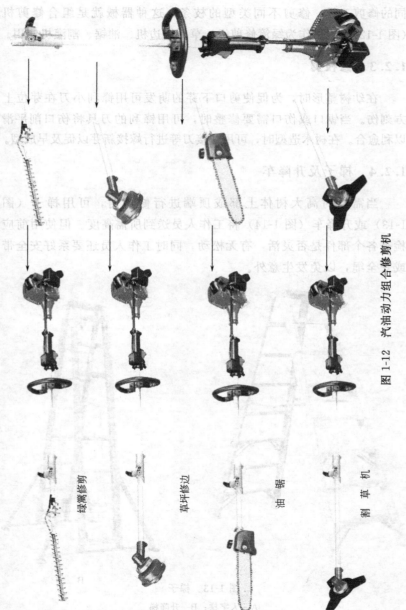

图1-12 汽油动力组合修剪机

绿篱修剪　　草坪修边　　油　锯　　割　草　机

同的修剪工具，修剪不同类型的枝条，这种器械就是组合修剪机（图1-12）。可以作为绿篱修剪机、草坪修边机、油锯、割灌机使用。

1.2.3　修枝刀

在幼树整形时，为促使剪口下芽的萌发可用锋利小刀在芽位上方刻伤。当锯口或伤口需要修整时，可用锋利的刀具将伤口削平滑以利愈合。在树木造型时，可用芽接刀等进行嫁接新芽以促及早成型。

1.2.4　梯子及升降车

当需要对高大树体上部或顶端进行修剪时，可用梯子（图1-13）或升降车（图1-14）将工作人员送到所需高度。但使用前应检查各个部件是否灵活，有无松动，同时工作人员还要系好安全带或安全绳，以免发生意外。

A

B

图 1-13　梯子

A—人字梯；B—升降梯

引向适当方向或地面，带着树枝使其不致高处坠落造成人员伤亡或砸坏地面设施。另外，也可以用于在高空作业时的安全绳。

1.2.5.2　高枝锯

高枝锯（图1-16）是用于修剪高处的较细枝条的专业工具，也可用于嫁接时截口、修剪不易高处作业时，完成伐枝或去其他细小枝条。

图 1-14　升降车

1.2.5　其他工具和材料

1.2.5.1　绳子

绳子（图 1-15）主要用于在大树的截头或大枝的锯截时，牵

A

B

图 1-15　绳子

A—缆绳；B—安全绳

树木整形修剪技术图解

引到适宜的方位和方向、攀爬的时候使用以及作为高空修剪人员的安全绳。

1.2.5.2 涂补剂

涂补剂（图 1-16）是用于大枝锯截后的锯口的涂补，保护锯口。此外，还要配备工作服、安全帽、手套等必要的劳保用品。

图 1-16　伤口涂补剂

第2章

整形修剪的树木学基础

2.1 树木的分类

　　树木整形修剪的最终目的就是要使树木各自充分发挥其特性：果树要能够以最理想的状态结果，达到最佳的经济效益；园林树木要能够充分发挥其在园林观赏方面的价值，达到最佳的观赏效果和园林绿化美化的作用；用材树种，要能够达到最佳的材质；其他用途树种同样要以最佳的状态发挥其经济作用。要达到理想的整形修剪的目的和效果，就需要对各种树木的生态习性、分枝特点、树形特点等方面进行了解和掌握，才能够使整形修剪工作顺利进行，整形修剪的效果达到预期效果，符合各类树种及其不同用途的需求。

2.1.1 植物学分类

　　植物分类学的分类，就是根据植物的形态特征、内部结构及遗传特性等来确定植物种类，并对植物界分门别类，以研究彼此间的亲缘关系及各类群发生、发展和消亡的规律。

　　植物学分类的内容包括分类、命名、鉴定三个部分。分类就是将各种植物的形态特征、内部结构及遗传特性等进行比较、分析、归纳，使之分门别类，并按照植物的发生、衍化规律进行有序的排列；命名是对每一种植物按照国际植物命名法规给予一个符合要求的名称；鉴定是对收集到的植物种，根据植物分类学的基础理论和知识，通过查阅文献资料，与已知植物种进行比较分析，最后确定该植物的正确名称以及属于哪一个植物类群。

2.1.1.1　植物分类的各级单位

为了将植物界的植物进行分门别类，就要把他们按照其形态相似程度和亲缘关系的远近划分为若干个类群，大类群下设中类群，中类群下设小类群，以此类推，直到种为止，形成多种分类等级。

植物分类中有一系列的分类等级，即界、门、纲、目、科、属、种。种（Species）是植物分类等级中的基本单位。同种植物具有它们自己共有的特征、特性，并与其他种相区别。将彼此在形态特征、亲缘关系相近的种集合为属（Genus），再把近似的属集合为科（Familia），以此类推，再集合成目（Ordo）、纲（Classis）、门（Divisio），最后统归于植物界（Regnum），界是植物分类中的最高等级。在每一等级内，如果种类繁多，也可以再划分为亚类，如亚门（Subdivisio）、亚纲（Subclassis）、亚目（Subordo）、亚科（Subfamilia）和亚属（Subgenus）。有的科下除了亚科以外，还有族（Tribus）和亚族（Subtribus）；属以下除亚属外还设有组或派（Sectio）和系（Series）等等级。下面以蔷薇科 2 个种为例，说明它们在分类系统中的位置（表 2-1）。

表 2-1　月季和苹果在植物分类系统中的位置

月　季	苹　果
植物界（Regnum vegetabile）	植物界（Regnum vegetabile）
种子植物门（Spermatophyta）	种子植物门（Spermatophyta）
被子植物亚门（Angiospermae）	被子植物亚门（Angiospermae）
双子叶植物纲（Dicotyledoneae）	双子叶植物纲（Dicotyledoneae）
蔷薇目（Rosales）	蔷薇目（Rosales）
蔷薇科（Rosaceae）	蔷薇科（Rosaceae）
月季属（*Rosa*）	苹果属（*Malus*）
月季（*Rosa chinensis* Jacq.）	苹果（*Malus pumila* Mill.）

2.1.1.2　种及其以下的等级

　　种是植物分类的基本单位，一般认为种具有一定的形态和生理特征，有一定的自然分布区域的植物种群，在同一种内的个体能够进行有性繁殖，不能与其他种内个体进行有性繁殖，即使繁殖，后代也无繁殖能力。根据《国际植物命名法规》的规定，在种以下可设亚种（Subspecies）、变种（Varietas）和变型（Forma）等等级。它们可以分别缩写为 ssp.、var.、f.。

　　(1) 亚种　一般认为是一个种内的变异类群，在形态上与原种有一定区别，在分布上、生态上或季节上也有所隔离，这样的类群即为亚种。

　　(2) 变种　种内的某些个体在形态上有所变异，而且这种变异的遗传性比较稳定，在分布范围上比亚种小得多。

　　(3) 变型　在形态上也有变异，但无一定的分布区域，而是零星分布的个体。

　　(4) 品种（Cultivar，缩写为 cv.）　品种不是植物分类系统中的分类单位，而是经济领域的一个分类名词，在植物方面主要强调的是栽培方面，具有符合人类需要的经济性状和生物学特性。栽培植物品种应具有良好的经济特征；有一定的栽培种植范围；有一定数量的繁殖材料。

2.1.2　根据植物的生命周期的长短划分

　　根据植物的生命周期的长短来划分，植物的生命周期是指种植萌发——出苗——生长发育——开花结果——死亡这样一个循环。根据这一周期，植物可划分为以下种类。

2.1.2.1　一年生植物

　　整个生命周期在一年内完成的植物称为一年生植物。这类植物在一个生长季内完成一个生命周期，再由种子进行有性繁殖进入下一个生命周期。一个生长季的长短根据各种不同植物的生物学特性和物候期决定，多数为 4～6 个月，冬型植物秋冬季节播种，春夏季种子成熟；夏型植物春季播种，秋季种子成熟。有些植物整个生命周期非常短只有 1～2 个月或者不到 1 个月，这类植物称为短命植物。一年生植物只有草本植物，木本植物无一年生植物。

2.1.2.2　二年生（越年生）植物

　　生命周期在 2 年完成，这种类型有两种：一种是需要 2 个生长季才能够完成开花结实，即第一年完成营养生长，第二年开花结实，2 年才结一次种子，这种植物叫越年生植物；另一种是植物能够存活 2 年，每年完成一次结实，这种植物叫二年生植物。这类植物也只有草本植物，没有木本植物。

2.1.2.3　多年生植物

　　生命周期在 3 年以上的植物，即植物能够活 3 年以上，这种植物称为多年生植物，有草本也有木本，而木本植物均为多年生植物。根据树木存活年限可将其分为短寿命树种、中等寿命树种和长寿命树种。短寿命树种：寿命在 10 年以下的树种称为短寿命树种；中等寿命树种：寿命在 10～100 年之间的树种；长寿命树种：寿命在 100 年以上的树种。有些树木迄今已经存活了几千年，这类树种就是长寿命树种。

2.1.3　根据植物生长的场所划分

2.1.3.1　陆生植物

　　生长于陆地上的植物，通常根着生于地下，茎生于地上。大多数植物均属于陆生植物，树木中更是绝大多数都是。由于环境条件的多样性，陆生植物又可分为沙生植物、盐生植物和高山植物等。

2.1.3.2　水生植物

　　生长于湖泊、河流里的植物。一些生于沼泽的植物叫沼生植物。

2.1.3.3　附生植物

附着在其他的植物体上，能够自己进行光合作用，制造养分，无需吸取被附生者的养分而独立生活的植物。

2.1.3.4　寄生植物

寄生于它种植物体上，通过特殊的寄生根吸取寄主养分的植物，如菟丝子、肉苁蓉、锁阳等植物。

2.1.3.5　腐生植物

生长于腐殖质较多的林下或由其他菌类植物提供养分的植物，如天麻、珊瑚兰等。

2.1.4　依据生长习性和株丛类型分类

2.1.4.1　乔木类

树体高大，地上部分具明显主干或主轴的木本植物，一般树木高6米以上。可分为伟乔（＞30米）、大乔（20～30米）、中乔（10～20米）及小乔（6～10米）等，树木的高度在用植物造景和发挥经济效益时起着重要作用，高度和冠幅在生产中比较注重，因此，了解和掌握树木的生长习性和株丛类型，可以充分发挥各种类型树木在生产中的合理利用。

（1）依据树木的生长速度划分

① 速生乔木　生长速度较快的乔木，指的是年高生长量在200厘米以上，粗生长量在2厘米以上的乔木。

② 中速树　生长速度中等的乔木，指的是年高生长量在100～200厘米以上，粗生长量在1～2厘米的乔木。

③ 慢生树　生长速度较慢的乔木，指的是年高生长量在100厘米以下，粗生长量在1厘米以下的乔木。

（2）根据休眠期叶片是否脱落可分为

① 常绿乔木　在休眠期叶片不脱落，保持叶片为绿色的乔木，

甚至是休眠期很短或无休眠期的乔木。

②落叶乔木　在休眠期叶片全部脱落，或全部变色（红色、黄色等），萌发新叶前脱落，这类乔木称为落叶乔木。

（3）根据叶片的宽度划分

①针叶乔木　指叶片长度显著比宽度大，长度比宽度大4倍以上，叶片呈针形或条状披针形的乔木。这一类乔木主要是指裸子植物类的许多具有针叶的树种，所以，针叶乔木绝大多数情况下指的都是裸子植物。根据休眠期是否落叶，又分为常绿针叶乔木，落叶针叶乔木。

②阔叶乔木　指叶片长度与宽度差异不太大，叶片呈卵圆形、椭圆形、圆形、阔披针形、宽条形的树木。这类乔木主要指被子植物的树种。根据休眠期是否落叶，又分为常绿阔叶乔木，落叶阔叶乔木。

2.1.4.2　灌木类

灌木是指地上部分无明显主干或主轴，从基部发出大小相近的主枝，呈丛生状的树木。通常株高较矮，根据植株高度分为大灌木（>5米）、中型灌木（1～5米）、小灌木（<1米）。株丛有两种类型：一类是有主干树体矮小（<5米）、主干低矮者；另一类树体矮小，无明显主干，茎干自地面生出多数，而呈丛生状，又称为丛木类，如绣线菊、溲疏、千头柏等。

2.1.4.3　铺地类

属于灌木，但其枝干均铺地生长，与地面接触部分生出不定根，主干矮小，多为丛生状的灌木，如矮生枸子、铺地柏等。

2.1.4.4　藤蔓类

地上部分茎细而且比较长，所以茎秆本身不能直立生长，须攀附于其他支持物向上生长的植物称为藤蔓类，也称藤本植物。根据这类植物的茎是否木质化，分草质藤本和木质藤本两类。根据其攀附方式，可分为以下几类。

① 缠绕类：如葛藤、紫藤等，这类藤本茎秆无钩刺、卷须、吸盘等附属物，靠茎自身缠绕其他物体向上生长。

② 钩刺类：如木香、藤本月季等，靠钩刺固着于其他物体上向上生长。

③ 卷须及叶攀类：如葡萄、铁线莲等，叶片或叶柄发育成卷须，用卷须缠绕、抓附在其他物体上，支撑茎秆向上生长。

④ 吸附类：吸附器官多不一样，如凌霄是借助吸附根攀缘，爬山虎借助吸盘攀缘。

2.1.5 依据树木对环境因子的适应能力分类

2.1.5.1 依据气温分类

主要是依据树木适应的植物气候带分类，分为寒温带树种、中温带树种、暖温带树种、亚热带树种、南亚热带树种、北热带树种、热带树种等。

(1) 寒温带树种　适应于寒温带气候，≥10℃ 的年积温 <1700℃，最冷月平均气温 <−30℃。树种有落叶松、樟子松、西伯利亚红松、雪岭云杉、白桦等。

(2) 中温带树种　适应于中温带气候，≥10℃ 的年积温 1700～3500℃，最冷月平均气温 −30～−10℃，主要树种有红松、胡桃楸、黄檗、花曲柳、蒙古栎、鱼鳞云杉、臭冷杉等。

(3) 暖温带树种　适应于暖温带气候，≥10℃ 的年积温 3500～4500℃，最冷月平均气温 −10～0℃，主要树种有槲栎、辽东栎、核桃、枣树、毛白杨、苹果、白梨、赤松、油松、侧柏、白榆等。

(4) 亚热带树种　适应于亚热带气候，≥10℃ 的年积温 4500～6500℃，最冷月平均气温 0～10℃，主要树种有杉木、毛竹、马尾松、白栎、苦槠、石栎、油桐、棕榈、茶树、油茶、木荷、樟树、楠木、柑橘、木莲、杜英等。

(5) 南亚热带树种　适应于南亚热带气候，≥10℃ 的年积温

6500～8200℃，最冷月平均气温 10～15℃，主要树种有榕树、火力楠、蒲葵、橄榄、苹婆、烟斗石栎、木棉、肉桂、八角、龙眼、荔枝等。

（6）北热带树种　适应于北热带气候，≥10℃的年积温8200～8700℃，最冷月平均气温 15～20℃，主要树种有杧果、菩提树、印度榕、巴西橡皮树、团花、石梓、番龙眼、铁刀木、八宝树、四数木、咖啡、母生、海南黄檀、油棕、鱼尾葵、青皮、龙脑香、红树等。

（7）热带树种　适应于热带气候，≥10℃的年积温 8700～9200℃或更多，最冷月平均气温＞20℃，主要树种有酸豆、轻木、可可、腰果、胡椒、槟榔、水椰等。

在进行树木引种时，从积温高的气候带向积温低的气候带引种时，主要是安全越冬问题，而积温低向积温高的气候带引种时，虽然没有越冬问题，但可能会出现越夏问题，生长也会不良或者出现基本不生长。

当然，每种树木对温度的适应能力是不一样的，有的适应能力很强，这类植物称为广温植物（如银杏、爬山虎等），有的则对温度较敏感，适应能力弱，称为狭温植物。在生产实践中，各地还依据树木的耐寒性分为耐寒树种、半耐寒树种、不耐寒树种等，不同地域的划分标准是不一样的。

2.1.5.2　依据水分条件分类

树木对水分的要求是不一样的，据此可分为湿生、中生和旱生树种。

（1）湿生树种　适应于土壤水分较多的环境的树种，在地下水位较高或沼泽或水中能够正常生长发育。这类树种根系不发达，有些种类树干基部膨大，长出呼吸根、膝状根、支柱根等，如池杉、水松、桤木、垂柳等。

（2）旱生树种　适应于土壤水分较少环境的树种，在较为干旱的条件下，能够正常的生长发育。为了适应干旱与长期缺乏水分，植物常具发达的根系，植物表层具发达角质层、栓皮、茸毛或肉茎等，如马尾松、侧柏、木麻黄等沙漠植物极为耐旱。

(3) 中生树种　介于湿生树种和旱生树种之间的大多数树种，适应于土壤水分中等的环境条件。不同树种对水分条件的适应能力不一样，有的适应幅度较大，有的则较小，如池杉也较耐旱。

2.1.5.3　依据光照条件分类

依据光照因子或树木对光照的适应性分类，可分为阳性树种（喜光树种）、阴性树种（耐阴树种）、中性树种。

(1) 阳性树种　在全日照条件下即光照较强的环境下生长发育良好的树种，在光照不足的条件下，出现发育不良，如杨属、泡桐属、落叶松属、马尾松、黑松等。

(2) 阴性树种　在遮阴条件下生长发育良好的树种，在光照充足的情况下，会出现生长发育不良，甚至死亡，如红豆杉属、八角属、桃叶珊瑚、冬青、杜鹃、六月雪等。

(3) 中性树种　介于阳性树种和阴性树种之间的树种，在阳光充足的条件下能够正常生长发育，在一定的遮阴条件下也能够正常生长发育。

2.1.5.4　依据空气因子分类

依据空气因子分类，可分成以下几种类型。

(1) 抗风树种　根系较深，固着力强，对风有较强抵抗能力，如海岸松、黑松、木麻黄等。

(2) 抗污染类树种　能够吸收或吸附空气中的有毒有害气体，起到减轻或消除空气污染的作用，如抗二氧化硫树种有银杏、白皮松、圆柏、垂柳、旱柳等；抗氟化物树种有白皮松、云杉、侧柏、圆柏、朴树、悬铃木等；还有抗氯化物、抗氢化物树种等。

(3) 防尘类树种　一般叶面粗糙、多毛，分泌油脂，总叶面积大的树种，能够吸附空气中的尘埃，被吸附的尘埃，一部分被植物吸收利用，大多数在降水后被水流冲刷回到地面，这样，在很大程度上减少了空气中尘埃的数量，起到防尘或降尘的作用，如松属植物、构树、柳杉等。

(4) 卫生保健类树种　能分泌杀菌素和驱虫剂，起到杀菌、杀虫或驱虫的作用。有一些树种能够分泌对人体具保健作用的分泌物，对人类的身体健康有益。如松柏类常分泌芳香物质，还有樟树、厚皮香、臭椿等。

2.1.5.5　依据土壤因子分类

(1) 根据对土壤酸碱度的适应性　依据对土壤酸碱度的适应，可分成喜酸性土树种、耐碱性土树种、中性树种、耐盐树种等。

① 喜酸树种　适应于酸性土壤，pH 值在 3.5～6.5，如杜鹃、山茶科的许多植物。

② 耐碱树种　适应于碱性土壤，pH 值在 7.5～9.5，如柽柳、红树、椰子、梭梭柴等。

③ 中性树种　适应于中性土壤或微酸、微碱土壤条件的树种。

④ 耐盐树种　在土壤环境中盐分含量较多的条件下，能够正常生长发育的树种。

(2) 根据对土壤肥力的适应性　依据对土壤肥力的适应力可划分为耐瘠薄树种、耐肥树种。

① 耐瘠薄树种　在土层较薄、肥力较差的土壤条件下，能够正常生长发育的树种。如马尾松、油杉、刺槐、相思等，很多种类具根瘤与菌根。还有水土保持类树种，根系发达，耐旱瘠，固土力强，如刺槐、紫穗槐、沙棘等。

② 耐肥树种　对土壤肥料要求较高，而且能够忍耐土壤肥力较高的条件。

2.1.6　园林用途树木的分类

2.1.6.1　依园林树木的观赏特性分类

(1) 观形树木　指形体及姿态有较高观赏价值的一类树木，如雪松、龙柏、榕树、假槟榔、龙爪槐等。树形一般指树冠的类型，由干、茎、枝、叶所组成，对树形的形成起着决定性作用。不同树种具有不同的树冠类型，这是树种的遗传特性和生长环境条件影响的结果，同一树种在不同的发育阶段树形也会发生变化。一般所说的树形是指在正常的生长环境下，成年树木整体形态的外部轮廓。园林树木的树形在园林构图、布局与主景创造等方面起着重要作用。目前园艺工作者还培养出许多具优良树形的种类，还用人工修剪法修剪出各种优美的树形。下面介绍几种常见的树形及其观赏特性。

① 塔形　这类树形的顶端优势明显，主干生长势旺盛，树冠剖面基本以树干为中心，左右对称，整个形体从底部向上逐渐收缩，整体树形呈金字塔形，如雪松、水杉、冲天柏。尖塔形主要由斜线和垂线构成，具由静而趋于动的意向，整体造型静中有动、动中有静、轮廓分明、形象生动，有将人的视线或情感从地面导向高处或天空的作用。在园林中，尖塔形树木既可作为人们视线的焦点，充当主景；也可与形状有对比的植物（如球形植物）搭配，相得益彰；还能与相似形状的景物（如亭、塔等）形成相互呼应的效果。

② 圆柱形　顶端优势仍然明显，主干生长旺盛，但树冠基部与顶部均不开展，树冠上、下部直径相差不大，树冠紧抱，冠长远超过冠径，整体形态细窄而长，如杜松、钻天杨。圆柱形树冠构成以垂直线为主，给人以雄健、庄严与安稳的感觉。运用这类树木能起到突出空间立面效果的作用，适宜与高耸的建筑物、纪念碑、塔相配。

③ 圆球形　包括球形、卵圆形、圆头形、扁球形、半球形等，树种众多，应用广泛。这类树木的树形构成以弧线为主，给人以优美、圆润、柔和、生动的感受，如黄刺玫、榆树、樱花梅、樟、石楠、榕树、加杨、球柏等。

④ 棕榈形　这类树形除具有南国热带风光情调外，还能给人

以挺拔、秀丽、活泼的感受，既可孤植观赏，也宜在草坪、林中空地散植，创造疏林草地景色，如棕榈、蒲葵、椰子、槟榔等。

⑤ 下垂形　伞形外形多种多样，基本特征为有明显悬垂或下弯的细长枝条，如垂柳、垂榆龙爪槐、垂枝山毛榉、垂枝梅、垂枝杏、垂枝桃等。由于枝条细长下垂，随风拂动，常形成柔和、飘逸、优雅的观赏特色，能与水体产生很好的协调。

⑥ 雕琢形　人们模仿人物、动物、建筑及其他物体形态，对树木进行人工修剪、蟠扎、雕琢而形成的各种复杂的几何或非几何图形，如门框、树屏、绿柱、绿塔、绿亭、熊猫、孔雀等。雕琢由多种线条组合而成，其观赏情趣具有雕琢物体自身的特性与意味。在园林中根据特定的环境恰当应用，可获得别具特色的观赏效果，但用量要适当，应少而精。

⑦ 丛生型　从基部长出许多分枝，整个树形呈丛状，如垂丝海棠、木槿、大叶黄杨等。

(2) 观花树木　指花色、花香、花形等有较高观赏价值的一类树木，如梅花、蜡梅、月季、牡丹、白玉兰等。园林树木的花朵，有各式各样的形状和大小，在色彩上更是千变万化，层出不穷。在以观花为主的园林树木中，单朵花的观赏性以花瓣数目多、重瓣性强、花径大、形体奇特为突出特点，如牡丹、鸡蛋花、鸽子树等。有些园林树木，单朵花小，形态平庸，但形成样式各异的花序，使形体增大，盛开期形成美丽的大花团，观赏效果倍增，如珍珠梅、接骨木、八仙花等。

① 花色　是主要的观赏要素，在众多的花色中，白、黄、红为花色的三大主色，具这三种颜色的种类最多。现将几种基本花色的树种列举如下。

a. 白色系花　茉莉、白丁香、白牡丹、白茶花、溲疏、山梅花、女贞、玉兰、白兰花、栀子花、梨、白鹃梅、白玫瑰、白杜鹃、刺槐、绣线菊等。

b. 黄色系花（黄、浅黄、金黄）迎春、连翘、云南黄馨、金钟花、黄刺玫、黄蔷薇、棣棠、黄牡丹、黄杜鹃、金丝桃、蜡梅、金老梅、金雀花、黄花夹竹桃、小檗、金花茶、栾树、鹅掌楸等。

c. 红色系花（红色、粉色、水粉） 海棠花、桃、杏、梅、樱花、蔷薇、玫瑰、月月红、贴梗海棠、石榴、红牡丹、山茶、杜鹃、锦带花、夹竹桃、合欢、柳叶绣线菊、紫薇、榆叶梅、木棉、凤凰木。

d. 蓝色系花 紫藤、紫丁香、木兰、泡桐、八仙花、蓝血花。

② 花香的园林意义 花的芳香情况十分复杂，目前虽无评价、归类的统一标准，但仍可分为清香（如茉莉）、甜香（如桂花、含笑）、浓香（如白兰、栀子、丁香）、淡香（如玉兰）等。不同的芳香会引起人不同的反应，有的起兴奋作用，有的起镇静作用，有的却会引起反感。由于芳香不受视线的限制，使芳香树木常成为"芳香园"、"夜花园"的主题，起到引人入胜的效果。

（3）观叶树木 这类树木的叶片有独特之处，可供观赏，如银杏、鸡爪槭、黄栌、七叶树、椰子等。叶的观赏特性主要表现在叶的色泽、形状、大小和质地。

① 叶形的观赏特性 按照叶的大小和形态，将叶形划分为以下三类。

a. 小型叶类 叶片狭窄，细小或细长，叶片长度大大超过宽度。包括常见的鳞形、针形凿形、钻形、条形以及披针形等。具有细碎、紧实、坚硬、强劲等视觉特征。

b. 中型叶类 叶片宽阔，大小介于小型叶与大型叶之间，形状多种多样，有圆形、卵形椭圆形、心脏形、菱形、肾形、三角形、扇形、掌状形、马褂形、匙形等类别，多数阔叶树属此类型。给人以丰富、圆润、素朴、适度等感觉。

c. 大型叶类 叶片巨大，但整个树上叶片数量不多。大型叶树的种类不多，其中又以具大中型羽状或掌状开裂叶片的树木为多，如苏铁、棕榈科的许多树种以及泡桐等。它们原产于热带湿润气候地区，有秀丽、洒脱、清疏的观赏特征。此外，叶缘锯齿、缺刻以及叶片上的茸刺等附属物的特征，有时也起到丰富观赏内容的作用。有些树种叶片分裂的形状很美，具很高的观赏价值，如马褂木、琴叶榕、八角金盘、七叶数等。叶的质地不同，观赏效果也不同，如革质叶片反光力强，叶色深，故有光影闪烁的效果。

② 叶色的观赏特性　在叶的观赏特性中，叶色的观赏价值最高，因其呈现的时间长，能起到突出树形的作用，叶色与花色、果色相比，群体观赏效果显著，叶色被认为是园林色彩的主要创造者。树木叶色可分为以下几类。

a. 基本叶色　树木的基本叶色为绿色，由于受树种及受光度的影响，叶的绿色有墨绿、深绿、浅绿、黄绿、亮绿、蓝绿等差异，且随季节变化而变化。各类树木叶的绿色由深至浅的顺序大致为常绿针叶树、常绿阔叶树、落叶树。由于常绿针叶树叶片吸收的光大于折射的光，因此叶色多呈暗绿色，显得朴实、端庄、厚重。常绿阔叶树叶片反光能力较常绿针叶树强，叶色以浅绿色为主；落叶树种叶片较薄，透光性强，叶绿素含量较少，叶色多呈黄绿色，不少种类在落叶前还变为黄褐色、黄色或金黄色，表现出明快、活泼的视觉特征。深浓绿色叶的树种：油松、红松、雪松、云杉、青杆、侧柏、山茶、女贞、桂花、榕树、槐、毛白杨、榆树。浅淡绿色叶的树种：水杉、落叶松、金钱松、七叶树、鹅掌楸、玉兰、芭蕉、旱柳、糖槭。

b. 特殊叶色　树木除绿色外而呈现的其他叶色，丰富了园林景观，给观赏者以新奇感。根据变化情况，特殊叶色可分为以下几种类型。常色叶类：有单色与复色两种。前者叶片表现为某种单一的色彩，以红、紫色（如红枫、红橙木、红叶李、紫叶桃、紫叶小檗等）和黄色（如金叶鸡爪槭、金叶雪松等）两类色为主；后者是同一叶片上有两种以上不同的色彩，有些种类叶片的背腹面颜色显著不同（如胡颓子、红背桂、银白杨等），也有些种类在绿色叶片上有其他颜色的斑点或条纹（如金心大叶黄杨、银边黄杨、变叶木、金心龙血树、洒金东瀛珊瑚等）。常色叶类树木所表现的特殊叶色受树种遗传特性支配，不会因环境条件的影响或时间推移而改变。季节叶色类：树木的叶片在绿色的基础上，随着季节的变化而出现的有显著差异的特殊颜色。季节叶色多出现在春、秋两季。春季新叶叶色发生显著变化者，称为春色叶树种，如山麻杆、长蕊杜鹃、黄连木、臭椿、香椿等。但在南方温暖地区，一些常绿阔叶树的新叶不限在春季发生，任何季节的新叶均有颜色的变化，也归于春色叶类。在秋季落叶前叶色发生显著变化者，称为秋色叶树种，如银杏、金钱松、悬铃木、黄栌、火炬树、枫香、乌桕等。秋色叶树种以落叶阔叶树居多，颜色以黄褐色较普遍，其次为红色与金黄色，它们对园林景观的季相变化起着重要作用，受到各地园林工作者的高度重视。

秋叶呈红色或紫红色的树种：鸡爪槭、五角槭、糖槭、枫香、五叶地锦、小檗、漆树、盐肤木、黄连木、黄栌、花楸、乌桕、石楠、卫矛、山楂等。

秋叶呈黄色或黄褐色的树种：银杏、白桦、紫椴、无患子、鹅掌楸、悬铃木、蒙古栎、金钱松、落叶松、白蜡等。

树木的季节叶色除红色、黄色外，还存在许多过渡色。季节叶色开始的时间及持续期长短既因树种而异，也与气候条件尤其是温度、光照和湿度变化有关。除了叶子的形状、色泽之外，叶子还可形成声响的效果。如针叶的响声自古就有听松涛之说，"雨打芭蕉"亦可成为自然的音乐。

（4）观果树木　果实具较高观赏价值的一类树木，或果形奇特，或色彩艳丽，或果实巨大等，如柚子、秤锤树、复羽叶栾树等。

① 果实形状的观赏特性　主要体现在"奇、巨、丰"三个方面。"奇"指形状奇异，特别有趣，如铜钱树象耳豆、腊肠树、紫珠、五角槭等。"巨"指单体果形较大，如柚、木菠萝、椰子、木瓜等；"丰"就全树而言，无论单果或果序均应有一定的丰盛数量，果虽小，但数量多或果序大，以量取胜，可收到引人注目的效果，

如花楸、接骨木、佛头花等。还有些树木的种子富于诗意的美感，如王维"红豆生南国，春来发几枝，愿君多采撷，此物最相思"的描写，赋予果实以深刻的内涵，产生意境美的效果。

② 果色的观赏特性　果实的颜色丰富多彩，变化多端，有的艳丽夺目，有的平淡清秀，有的玲珑剔透，更具观赏意义。现将各种果色的树种列举如下。

a. 果实呈红色　小檗类、水枸子、山楂、冬青、花楸、金银忍冬、秦岭忍冬、南天竹、紫金牛、红橘、石榴、佛头花、接骨木、越橘（北国红豆）。

b. 果实呈黄色　银杏、杏、梅、柚子、甜橙、金橘、木瓜、梨、南蛇藤。

c. 果实呈紫色　紫珠、葡萄、十大功劳、李、蓝靛果忍冬（都柿）。

d. 果实呈黑色　小叶女贞、刺五加、刺楸、鼠李、黄菠萝。

e. 果实呈白色　红瑞木、乌桕（果实外具白色的蜡质）、陕甘花楸、白果五味子。

（5）观枝干树木　这类树木的枝干具有独特的风姿，或具奇特的色彩，或具奇异的附属物等。树木的枝条、树皮、树干以及刺毛的颜色、类型都具一定的观赏性，尤其在落叶后，枝干的颜色更为醒目，那些枝条具有美丽色彩的园林树木特称为观枝树种，如红瑞木、红茎木、杏等；一些乔木树种既可赏枝也可赏干，更为明显，如白桦、枫桦、梧桐、悬铃木、青榨槭、白皮松等。

① 树皮的开裂方式不同也具一定的观赏价值，下面介绍几种。

a. 光滑树皮　表面平滑无裂，多数幼年期树皮均无裂，也有老年树皮不裂的，如梧桐、桉树。

b. 横纹树皮　表面呈浅而细的横纹，如山桃、桃、白桦。

c. 片裂树皮　表面呈不规则的片状剥落，斑驳状的如白皮松、悬铃木。

d. 丝裂树皮　表面呈纵而薄的丝状脱落，如青年期的柏类。

e. 纵裂树皮 表面呈不规则的纵条状或近于人字状的浅裂，多数树种均属本类。

f. 纵沟树皮 表面纵裂较深，呈纵条或近于人字状的深沟，如老年期的核桃、板栗等。

g. 长方块裂纹树皮 表面呈长方形裂纹，如柿树、黄连木等。

h. 疣突树皮 表面具不规则的疣突，如木棉表面具刺，还有山皂荚、刺楸。

② 树干的皮色 树皮颜色对美化配置也起着很大的作用，如在街道上用白色树干的树种，可产生道路变宽的视觉效果。

（6）观根树木 这类树木裸露的根具观赏价值，如榕树等。

2.1.6.2 依树木在园林中的用途分类

根据树木在园林中的主要用途可分为独赏树、庭荫树、行道树、防护树、花灌类、木质藤本类、绿篱类、地被类、盆栽与造型类、室内装饰类等。

（1）独赏树 可独立成景供观赏用的树木，主要展现的是树木的个体美，一般要求树体雄伟高大，树形美观，或具独特的风姿，或具特殊的观赏价值，且寿命较长，如雪松、南洋杉、银杏、樱花、凤凰木、白玉兰等均是很好的独赏树。

（2）庭荫树 主要是能形成大片绿荫供人纳凉之用的树木。由于这类树木常用于庭院中，故称庭荫树，一般树木高大、树冠宽阔、枝叶茂盛、无污染物，选择时应兼顾其他观赏价值，如梧桐、国槐、玉兰、枫杨、柿树等常用作庭荫树。

（3）行道树 栽植在道路（如公路、园路、街道等）两侧，以遮阴、美化为目的的乔木树种。由于城市街道环境条件复杂，如土壤板结、肥力差、地下管道的影响、空中电线电缆的障碍等，所以对行道树种的要求也较高。一般来说，行道树应树形高大、冠幅大、枝叶茂密、枝下高较高，发芽早、落叶迟，生长迅速，寿命长、耐修剪，根系发达、不易倒伏，抗逆性强，病虫害少，无不良污染物，抗风，大苗栽植易成活。在园林实践中，完全符合要求的行道树种并不多。我国常见的有悬铃木、樟树、国槐、榕树、重阳木、女贞、毛白杨、银桦、鹅掌楸、椴树等。

（4）防护树类　主要指能从空气中吸收有毒气体、阻滞尘埃、防风固沙、保持水土的一类树木。这类树种一般在应用时多植成片林，以充分发挥其生态效益。

（5）花灌类　一般指观花、观果、观叶及具其他观赏价值的灌木类的总称，这类树木在园林中应用最广。观花灌木如榆叶梅、蜡梅、绣线菊等，观果类如火棘、金银木、华紫珠、凌霄、金银花等。

（6）木质藤本类　专指那类茎枝细长难以直立，借助于吸盘、卷须、钩刺、茎蔓或吸附根等器官攀缘于他物生长的树种。藤本依其生长习性可分为四类。

① 缠绕类　以茎本身旋转缠绕其他支持物生长者，如紫藤、猕猴桃类、五味子。

② 卷须及叶攀类　借助接触感应器官使茎蔓上升的树种，如靠卷须的有葡萄，借助叶柄旋卷攀附他物者如铁线莲。

③ 钩攀类　借助茎蔓上的钩刺使自体上升，如菝葜、悬钩子。

④ 吸附类　借助吸盘向上或向下生长，如爬山虎、五叶地锦、常春藤。

藤本是垂直绿化的材料，除赏花、果、叶外，是对棚架、凉廊、栅栏、墙壁、拱门、灯柱、岩石、假山、坡面、篱垣等进行绿化所不可缺少的材料，其在美化上的一个主要特点就是形体可随攀缘物变化。现在这类植物在园林中的应用越来越广泛。

（7）绿篱类　绿篱类树木在园林中主要用于分隔空间、屏蔽视线、衬托景物等，一般要求树木枝叶密集、生长慢、耐修剪、耐密植、养护简单。按特点又分为花篱、果篱、刺篱、彩叶篱等，按高度可分为高篱、中篱及矮篱等。常见的有大叶黄杨、雀舌黄杨、法国冬青、侧柏、女贞、九里香、马甲子、火棘、小蜡树、六月雪等。

（8）地被类　指那些低矮、铺展力强、常覆盖于地面的一类树木，多以覆盖裸露地表、防止尘土飞扬、防止水土流失、减少地表辐射、增加空气湿度、美化环境为主要目的。那些矮小、分枝性强的，或偃伏性强的，或是半蔓性的灌木，或藤本类均可作园林地被。依据耐阴程度的不同将木本地被植物分为以下几个主要类型。

① 极耐阴类　紫金牛、长春蔓、斑叶长春蔓、小长春蔓、络石、常春藤、薜荔。

② 耐阴类　小叶黄杨、矮生黄杨、金银花。

③ 半耐阴类　六月雪、雀香栀子、偃柏、铺地柏、五叶地锦、木通等。

④ 喜光类　凌霄、平枝枸子、五味子。

（9）盆栽及造型类　主要指盆栽用于观赏及制作树桩盆景的一类树木。树桩盆景类植物要求生长缓慢，枝叶细小，耐修剪，易造型，耐旱瘠，易成活，寿命长。多年来从野外大肆挖掘树桩制作盆景，这种以牺牲资源及生态环境为代价的陋习应该坚决加以制止。

（10）室内装饰类　主要指那些耐阴性强、观赏价值高、常盆栽放于室内观赏的树木，如散尾葵、朱蕉、鹅掌柴等。木本切花类主要用于室内装饰，故也归于此类，如蜡梅、银芽柳等。

2.1.7　果树分类

果树分类通常有两个系统，一是植物学系统，在此略；二是园艺学分类系统，其中又有几种分类方法，以下做简要介绍。

2.1.7.1　按叶生长期特性分类

（1）落叶果树　叶片在秋季和冬季全部脱落，第2年春季重新长叶。落叶果树的生长期和休眠期界限分明。苹果、梨、桃、李、杏、柿、枣、核桃、葡萄、山楂、板栗、樱桃等，这些一般多在我国北方栽培的果树，都是落叶果树。

（2）常绿果树　叶片终年常绿，春季新叶长出后老叶逐渐脱落。常绿果树在年周期活动中无明显的休眠期。柑橘类、荔枝、龙眼、杧果、椰子、榴莲、菠萝、槟榔等，这些一般多在我国南方栽培的果树，都是常绿果树。

2.1.7.2　按生态适应性分类

（1）寒带果树　一般能耐－40℃以下的低温；只能在高寒地区栽培，如榛、醋栗、穗醋栗、山葡萄、果松、越橘等。

（2）温带果树　多是落叶果树，适宜在温带栽培，休眠期需要一定低温。如苹果、梨、桃、杏、核桃、柿、樱桃等。

（3）亚热带果树　既有常绿果树，也有落叶果树，这些果树通常在冬季需要短时间的冷凉气候（10℃左右）。如柑橘、荔枝、龙眼、无花果、猕猴桃、枇杷等。枣、梨、李、柿等有的品种也可在亚热带地区栽培。

（4）热带果树　适宜在热带地区栽培的常绿果树，较耐高温、高湿，如香蕉、菠萝、槟榔、杧果、椰子等。

2.1.7.3　按生长习性分类

（1）乔木果树　有明显的主干，树高大或较高大，如苹果、梨、李、杏、荔枝、椰子、核桃、柿、枣等。

（2）灌木果树　丛生或几个矮小的主干，如石榴、醋栗、穗醋栗、无花果、刺梨、树莓、沙棘等。

（3）藤本（蔓生）果树　这类果树的枝干称藤或蔓，树不能直立，依靠缠绕或攀援在支持物体上生长，如葡萄、猕猴桃等。

（4）草本果树　这类果树具有草质的茎，多年生。如香蕉、菠萝、草莓等。

2.1.7.4　果树栽培学的分类

在生产和商业上，上述分类法应用很少，而常常按落叶果树和常绿果树再结合果实的构造以及果树的栽培学特性分类，即果树栽培学分类，又称农业生物学分类。

（1）落叶果树

① 仁果类果树　按植物学概念，这类果树的果实是假果，食用部分是肉质的花托发育而成的，果心中有多粒种子，如苹果、梨、木瓜、山楂等。

② 核果类果树　按植物学概念，这类果树的果实是真果，由子房发育而成，有明显的外、中、内三层果皮；外果皮薄，中果皮肉质，是食用部分，内果皮木质化，成为坚硬的核，如桃、杏、李、樱桃、梅等。

③ 坚果类果树　这类果树的果实或种子外部具有坚硬的外壳，可食部分为种子的子叶或胚乳，如核桃、栗、银杏、阿月浑子、榛子等。

④ 浆果类果树　这类果树的果实多粒小而多浆，如葡萄、草莓、醋栗、穗醋栗、猕猴桃、树莓等。

⑤ 柿枣类果树　这类果树包括柿、君迁子（黑枣）、枣、酸枣等。

（2）常绿果树

① 甘果类果树　这类果树的果实为柑果，如橘、柑、柚子、橙、柠檬、枳、黄皮、葡萄柚等。

② 浆果类果树　果实多汁液，如杨桃、蒲桃、连雾、人心果、番石榴、番木瓜、费约果等。

③ 荔枝类果树　包括荔枝、龙眼、韶子等。

④ 核果类果树　包括橄榄、油橄榄、杧果、杨梅、余甘子等。

⑤ 坚果类果树　包括腰果、椰子、香榧、巴西坚果、山竹子（莽吉柿）、榴莲等。

⑥ 荚果类果树　包括酸豆、角豆树、四棱豆、苹婆等。

⑦ 聚复果类果树　多果聚合或心皮合成的复果，如树菠萝、面包果、番荔枝、刺番荔枝等。

⑧ 草本类果树　香蕉、菠萝等。

⑨ 藤本（蔓生）类果树　西番莲、南胡颓子等。

2.1.8　其他经济用途分类

用材类、淀粉类、油料类、菜用类、药用类、香料类、纤维类、饲料类、薪炭材类、橡胶类、蜜源类等。

2.2　树体的主要部位

树体的主要部位，即树木的主要器官有根、茎、叶、花、果实和种子。树木的各个部位组成树木的整体，称为树体。树体的各部位是相互统一和协调的，同时也是相互制约的。首先，根部吸收水分和养分，利用蒸腾拉力，通过茎中的输送通道到达叶片内，在叶片中进行光合作用，制造有机物质，制造的营养物质又输送到植物体的各个部位，供植物体各部位的生长和养分的贮藏，这就是树体各部位的统一和协调，共同完成树木生长发育；其次，树木的营养生长（根茎叶的生长）与生殖生长（花和果实种子的生长）之间存在一定的矛盾，主要表现为营养生长旺盛时生殖生长会受到一定的抑制，也就是说，当根茎叶生长旺盛时，花和果实的发育和生长会受到影响，反之亦然；再者，根部的生长与枝干生长之间也存在这种相互抑制的特点，各个不同的枝条之间，以及主干和侧枝之间同样也有相互抑制的情况。

树木的修剪整形，主要目的就是使树体达到人们所需要的最佳状况。所以，对树体各部位进行一定的了解和掌握，有利于更好地进行整形修剪，使之达到理想的效果。

2.2.1　树根

根是由种子的胚根发育而成的器官，是树木的地下部分。通常是向地性生长，其作用有支持和吸收。不分节，一般不生芽、叶，不长花，不结果。

2.2.1.1　根的种类

（1）主根　由胚根发育而成，通常粗大而直立向下，是树木地下部分（根系）的主轴。

（2）侧根　主根上生出的各级大小支根。明显比主根细小。

（3）须根　种子萌发不久，主根萎缩而停止生长，由茎基部形成许多形状相似呈须毛状的根。如禾本科植物的根。还有一种理解，是指比较细小的根，二级、三级以下的侧根。

（4）不定根　非正常位置或非正常状态的根，主要是指在茎、叶或老根上形成的根。

2.2.1.2　根系的类型

根系是一株植物所有根的总和及其在地下的分布排列方式。

（1）主根系　也叫直根系、轴根系，地下部分有明显主根的根系，通常主根粗大，二级侧根着生于主根上，一次再着生三级、四级侧根。主根系的根分布范围较大，根入土较深。

（2）须根系　没有明显主根的根系，胚根萌发以后不久就退化和死亡，从胚根基部长出许多大小相近的根，组成没有主干的根系。扦插时萌发的根所形成的根系，也是无主根，这种根系也可以理解为须根系。须根系的根通常分布较浅、分布集中。

2.2.1.3　根的变态

有些植物的根因其功能和生长环境发生了变化，其形状、着生位置也随之发生变化，使根的形态、位置、功能均与普通植物的根发生较大区别和差异，根的这种非常规状态的变化，称为根的变态，主要变态方式如下。

（1）肉质根　根膨大肉质化，柔软，多汁。根据肉质化的根的类型可分为肥大直根和块根两种。

① 肥大主根　由主根发育而成的肉质根，粗大单一，侧根极小，主根与侧根大小差异非常大。形状通常为圆柱形、圆锥形及球形等。如大头菜、萝卜、胡萝卜等。

② 块根　由侧根或不定根肉质膨大发育而成。通常肥大成块状、纺锤状。如甘薯、大理菊等。

（2）寄生根　寄生植物的根系，着生位置不在土壤中，而是伸入寄主植物的体内，从寄主体内吸收养分和水分。寄生植物的根的形状主要由吸盘（吸器）和吸收根组成。如菟丝子、锁阳等植物的根系。

（3）支持根　一些植物在近地面的茎节上产生不定根，这些不定根伸入土壤中，起到增强支持固定的作用，这些根同样也有吸收的功能。如玉米、高粱茎是第一、第二、第三节上的不定根。

2.2.2　茎

种子萌发时，胚芽向上生长，在地面上形成的中轴，生长习性为负向地性，即与根的生长方向相反。茎的叶腋处有腋芽，萌发后形成分枝。枝叶着生的部位叫节，相邻两节之间的部位叫节间，叶柄与茎之间的夹角叫叶腋。茎一方面支持叶、花、果等器官，另一方面，又是水分及营养物质运输的通道。

2.2.2.1　茎的类型

（1）直立茎：茎垂直于地面。

（2）斜升茎：基部偏斜，上部直立。

（3）斜依茎：基部斜依地面。

（4）平卧茎：茎完全平卧于地面。

（5）匍匐茎：茎平卧地面，节部有不定根。

（6）攀缘茎：以卷须、小根、吸盘等变态器官攀缘于其他物体上升的茎。

（7）缠绕茎：茎本身缠绕于其他物体而上升。

2.2.2.2　茎的变态

有些植物的茎的生长方式和形态与普通植物的茎有明显的区别和差异，它们与普通茎有较大的不同，这类茎称为变态茎。

(1) 地下茎的变态

① 根状茎 茎在地下生长，好似根，但同样具有茎的特点，即有节或节间，并有各种形状的退化叶片，茎节上会长不定根，也会萌发芽，发育成枝叶，形成新的株丛，并且靠地下根状茎扩散。根状茎通常呈水平方向生长。如竹类具有粗壮强大的根状茎，并且靠这种根状茎进行繁殖。还有一些植物的根状茎肉质化，如莲藕、黄精等。

② 块茎 缩短、肥厚的肉质茎。具有茎的特点，顶端有顶芽，侧面有螺旋状排列的侧芽或芽眼。如马铃薯等。

③ 球茎 肥大肉质而扁圆的地下茎。顶端有粗壮的顶芽，侧面有明显的节和节间，节部位有干膜质的鳞片及腋芽，下部有多数不定根。如荸荠。

④ 鳞茎 极度短缩而扁平的地下茎，其上着生许多肥厚多汁的肉质鳞叶或芽。根据鳞茎外面有无干燥膜质的鳞叶，又可分为有被鳞茎和无被鳞茎。如葱头、蒜、百合等。

(2) 地上茎的变态

① 叶状茎或叶状枝 茎或枝扁平或圆柱形，绿色如叶状，具有叶的功能。如天门冬属的植物和扁竹蓼等。

② 枝刺 枝变态成为尖锐而坚硬的棘刺，着生的位置是枝条上芽的位置。如沙枣、沙棘、霸王等。

③ 卷须 一些攀缘植物的枝条常变态长卷须，着生位置常在叶腋或与叶对生处。如葡萄等。

2.2.3 叶

叶是由芽的叶原基分化而形成，通常绿色，是植物制造有机营养物质和蒸腾水分的器官。叶的组成：叶由叶片、叶柄、托叶三部分组成，三部分齐全的称完全叶，缺少一部分的称不完全叶。

2.2.3.1 叶片

叶片是叶的主要部分，通常是扁平的，具有各种各样的形状。

叶片的部位可分为叶尖、叶基、叶缘、叶脉、叶肉等。

2.2.3.2 叶柄

是连接茎与叶片的部分，常为半圆柱形或扁平。无叶柄的叶叫无柄叶，无柄叶中的基部抱茎的，叫抱茎叶；叶片基部下延于茎上形成翅或棱的叫下延叶；叶片基部合围把茎包围的，叫茎穿叶；叶柄形成圆筒状而包围茎的中空的筒状物，叫叶鞘。

2.2.3.3 托叶

是叶柄基部两侧的附属物，形状多样，有呈叶状的、鳞片状的、针刺状的、鞘状的等，也有的叶无托叶。

2.2.3.4 叶序

叶在茎、枝上的排列方式。

（1）互生叶序　每一节上只着生1枚叶片，上一枚叶与下一枚叶的位置相互错开。叶错开的位置有的植物呈相对位置着生，相对位置着生的情况，有些植物的叶片正对着主干或侧枝，有些植物叶片扭转向一个方向，呈一个平面；有的呈螺旋状着生。

（2）对生叶序　每一节上相对着生2枚叶片。上一节的一对叶与下一节一对叶的排列状态根据植物的不同而各异，有的植物相邻的叶在纵轴上呈一条线，有些植物呈一个夹角着生，有些植物的夹角小于90°的，有些等于90°的，有些大于90°的。

（3）轮生叶序　每一节上着生3枚及3枚以上的叶片，环绕茎的节部，呈轮状排列。一个茎节上着生3枚叶并且轮状着生的叫三叶轮生，着生4枚叶的叫四叶轮生，还有五叶轮生和七叶轮生。

（4）簇生叶序　在短枝上，因茎节极度缩短，叶片成簇着生。如银杏、落叶树短枝上的叶。

（5）束生叶序　松属植物的针叶2、3、5针成束着生在短枝上，基部有叶鞘包围，叶鞘宿存或脱落。

2.2.3.5 单叶和复叶

一个叶柄上只着生一枚叶片的叫单叶；在一个总叶柄上有两个

以上叶片的叫复叶，总叶柄又叫叶轴，其上的叶片叫小叶，小叶有的也有托叶，叫小托叶。复叶根据其小叶数目、排列方式及叶轴分枝的情况，可分为以下几种。

（1）羽状复叶　小叶排列在叶轴的左右两侧，呈羽状。叶轴上着生的小叶为单数，叫奇数羽状复叶，小叶是双数的，叫偶数羽状复叶。叶轴不发生分枝的，叫一回羽状复叶；如叶轴的两侧有呈羽状排列的分枝，分枝上再着生羽状排列的小叶，叫二回羽状复叶；再分枝的叫三回羽状复叶或四回羽状复叶。

（2）掌状复叶　几个小叶集中生于叶轴顶端，并开展呈掌状。如果叶轴再发生掌状分枝，则可形成二回、三回掌状复叶。

（3）三出复叶　叶轴上着生三枚小叶，小叶有柄的叫羽状三出复叶，小叶无柄的称掌状三出复叶。

2.2.3.6　脉序

叶脉由维管束组成，是叶片中的输导系统。叶片中有1至数条较粗大的脉叫主脉，主脉上的第一次分枝叫侧脉，连接各侧脉之间的次级脉叫小脉。叶脉在叶片中的分布方式叫脉序。

（1）网状脉　叶脉数回分枝后，相互连接成网状。如只有一条主脉，侧脉在两侧呈羽状排列的，叫羽状脉；如有几条较明显的叶脉在基部呈掌状排列的，叫掌状脉；如叶片中只有3条较明显的叶脉由基部发出的，叫三出脉；不从基部发出的三出脉叫离基三出脉。

（2）平行脉　叶片中主要的叶脉平行排列的，叫平行脉。主脉与侧脉平行的叫纵出平行脉或直出脉；主脉与侧脉垂直的叫横出平行脉或侧出脉。

（3）弧状脉　叶脉呈弧形排列，出于叶基，会于叶尖，少有侧脉。

2.2.3.7　叶的形状

（1）叶片的形状　针形、条形、披针形、倒披针形、矩圆形、椭圆形、卵形、倒卵形、圆形、菱形、匙形、扇形、肾形、三角形、条状披针形、心形、倒心形、鳞形。

(2) 叶尖的形状 锐尖、渐尖、钝圆、微凹、圆形、倒心形、骤尖、凸尖、芒尖、尾尖。

(3) 叶基的形状 心形、圆形、楔形、偏斜、截形、剑形、戟形、耳垂形、抱茎、下延。

(4) 叶缘的形状 全缘、锯齿缘、重锯齿缘、牙齿缘、钝齿缘、波状缘、睫毛状缘。

(5) 裂叶 羽状浅裂、羽状深裂、羽状全裂、掌状半裂、大头羽裂。

2.2.3.8 叶的变态

(1) 叶刺 叶变为刺状,其腋部常有芽;有的植物托叶成刺,着生于叶柄两侧。

(2) 叶卷须 有的羽状复叶顶端小叶变成卷须;有的托叶变成卷须。

2.2.4 花的形态术语

2.2.4.1 花的组成与形态

花是植物的繁殖器官,由花梗连接于枝上,花萼、花瓣、雄蕊、雌蕊都是变态的叶,所以,花其实是适应繁殖的变态枝。

一朵完全花由花萼、花冠、雄蕊和雌蕊四部分组成。花萼由萼片组成;花冠由花瓣组成;花萼和花冠合称花被;花萼、花冠、雄蕊、雌蕊的着生处叫花托。

2.2.4.2 花的形态类型

(1) 依据花的组成情况划分

① 完全花 花萼、花冠、雄蕊、雌蕊四部分均具备的花叫完全花。

② 不完全花 花的四部分中,缺失其中任何1~3部分的花叫

不完全花。

（2）依据雌蕊与雄蕊的情况划分

① 两性花 一朵花中，不论花被存在与否，只要有能正常发育的雄蕊和雌蕊，即叫两性花。

② 单性花 只有雄蕊或只有雌蕊的花叫单性花。雄蕊能正常发育的叫雄花，雌蕊能正常发育的叫雌花，雌花和雄花生在同一植株上的叫雌雄同株，雌花与雄花分别着生在不同植株上的叫雌雄异株。

③ 中性花 雌蕊、雄蕊均缺或者均不发育的花叫中性花。

④ 杂性花 同一株植物上或同种植物的不同植株上，既有两性花，也有单性花。

（3）依据花被的状况划分

① 双被花 一朵花既有花萼，又有花冠。

② 单被花 一朵花只有花萼而无花冠，有的单被花其花萼具有鲜艳的颜色，呈花瓣状。

③ 裸花（无被花） 一朵花中花萼、花冠均缺。

④ 重瓣花 一朵花中具有 2-多轮花瓣。

（4）依据花被的排列划分

① 辐射对称花 一朵花花被片大小、形状相似，排列整齐，通过花的中心可以做出两个以上的切面把花分成相等的两部分。也叫整齐花。

② 两侧对称花 一朵花的花被片大小、形状不同，通过中心只有一个切面把花分成相等的两部分。也叫不整齐花。

2.2.4.3 花冠的类型

花冠由花瓣组成，位于花萼的内方，通常有各种鲜艳的颜色，具有保护雄蕊、雌蕊及引诱昆虫传粉的作用。花瓣完全分离的，叫离瓣花冠，花瓣上端宽大的部分叫瓣片，下面狭窄的部分叫瓣爪。花瓣部分或全部合生的，叫合瓣花，连合的部分叫花冠筒（花冠管），分离的部分叫花冠瓣片。有的植物还有副花冠，即花冠或雄蕊的附属物。

（1）辐射对称花冠　一朵花中花冠的花瓣片大小和形状相近，通过花的中心点，任何一条线都可以将花切分成两个相同的对称面，这类型的花冠叫辐射对称花冠，主要有以下的类型。

① 十字形　花瓣4，分离，相对排成十字形。

② 蔷薇形　花瓣5，分离。

③ 辐状　花冠筒极短，裂片在花冠筒上向四周辐射状伸展。

④ 坛状　花冠筒膨大成坛状或近球形，先端收缩，裂片外展。

⑤ 高脚碟状　花冠筒下部细长，上部水平扩展碟状。

⑥ 钟状　花冠筒宽而稍短，上部扩大成一钟形。

⑦ 漏斗状　花冠全部连合，下部圆筒形，上部扩大成漏斗状。

⑧ 管状　花冠大部分呈管状，先端裂片向上伸展。

（2）两侧对称花冠

① 蝶形　花瓣5，最上（外）一片最大，常向外反卷，叫旗瓣；侧面的2瓣较小，叫翼瓣；最下面的2瓣下缘靠合，呈龙骨状，叫龙骨瓣。

② 唇形　花瓣5，基部合生成花冠筒，上部分为上唇及下唇两部分，上唇先端2裂，下唇先端3裂。

③ 舌状　花冠基部合生成一短筒，上部扁平成舌状。

2.2.4.4　雄蕊

雄蕊是植物的雄性繁殖器官，一般着生于花托上，是花的第三轮（自下而上或从外到里）。由花丝和花药两部分组成，花丝连接花托与花药，花药（花粉囊）中有多数花粉粒，成熟后花药（花粉囊）破裂，花粉粒散发出来，落到雌蕊的柱头上，完成授粉。

（1）雄蕊的类型　根据一朵花中雄蕊的分布排列情况、花丝花药的连合与分离、花丝的长短、着生位置等可将雄蕊分为以下类型。

① 离生雄蕊 雄蕊彼此分离。

② 单体雄蕊 雄蕊花丝彼此连合成一束。

③ 二体雄蕊 一朵花中有 10 枚雄蕊，其中 9 枚合生成一束，另一枚分离；或 5 枚合生成一束，另外 5 枚也连合成一束。

④ 多体雄蕊 一朵花中的雄蕊多数，连合成多束。

⑤ 聚药雄蕊 雄蕊的花药彼此连合，花丝分离。

⑥ 二强雄蕊 一朵花中有 4 枚雄蕊，2 长 2 短。

⑦ 四强雄蕊 一朵花中有 6 枚雄蕊，4 长 2 短。

（2）花药在花丝上的着生方式

① 全着药 花药全部着生在花丝上。

② 基着药 花药基部着生花丝上。

③ 丁字药 花药横卧，以背部中央着生在花丝顶端。

④ 个字药 药室基部叉开，花丝着生在叉开处的上端。

⑤ 广歧药 药室完全叉开，几乎成一直线，着生在花丝顶部。

（3）花药的开裂方式

① 纵裂 药室纵向开裂。大多数植物都是纵裂。

② 孔裂 在药室的顶部开一小孔，花粉由此孔散出。

③ 瓣裂 药室有 1～4 个活板的盖，雄蕊成熟时盖就掀开，花粉由此散出。

2.2.4.5 雌蕊

雌蕊是植物的雌性繁殖器官，位于花的中央，由 1 至多个心皮（变态叶）组成子房室，子房室内着生胚珠，成熟后发育成种子。心皮（变态叶）的两个边缘结合部位叫腹缝线，中脉形成的线脚背缝线。

（1）雌蕊的组成部分 一个典型的雌蕊是由柱头、花柱和子房三部分组成。

① 柱头 位于子房的顶端，有承受花粉的作用，形状有头状、盘状、羽毛状、放射状等。

② 花柱　连接子房与花柱的细长部分，有些植物的花柱不明显。花柱通常着生于子房的顶端，也有着生于子房的侧面，或着生于子房的背部。开花后进行授粉，授粉结束后，花柱通常枯萎脱落，但有部分植物的花柱宿存。

③ 子房　子房是雌蕊基部的膨大部分，其壁为子房壁，即心皮的绝大部分，壁内是子房室，室内有胚珠，受精以后，子房壁繁育为果皮，胚珠发育成种子。

（2）雌蕊的类型

① 单雌蕊　一朵花中只有1个由1个心皮构成的雌蕊。如桃、杏、豆类等。

② 离生心皮雌蕊　一朵花中有2个以上的离生心皮，每个心皮形成1个子房室。这种雌蕊叫离生心皮雌蕊。

③ 复雌蕊　一朵花中有2个以上的心皮合生，形成1至多个子房室，这种由合生心皮形成的雌蕊叫复雌蕊。有的复雌蕊由子房到柱头完全合生；有的仅子房、花柱合生，而柱头分离；有的仅子房合生，而花柱、柱头分离。在子房合生中，有的仅心皮边缘合生，则形成单子房室；而如果心皮边缘向内卷曲而合生，则子房室就被分为2至多个子房室。

（3）胎座　胚珠在子房内着生的地方，叫胎座。

① 边缘胎座　由单心皮形成的子房中，胚珠着生在心皮的边缘，即腹缝线上。

② 侧膜胎座　在合生心皮1室的子房中，胚珠着生在每一心皮的边缘上。

③ 中轴胎座　在合生心皮多室子房内，因心皮边缘卷合，在中央形成中轴，胚珠着生在中轴上。

④ 特立中央胎座　在合生心皮1室子房中，中轴由子房基部突起，但不达到子房顶端，胚珠着生在此中轴上。

⑤ 基生胎座　胚珠着生在子房室的基部。

⑥ 顶生胎座　胚珠着生在子房的顶部。

2.2.4.6 花托

花托是花梗顶端膨大的部分，其上着生花的各个组成部分。花托有各种形状，如柱状、球状、盘状、杯状、瓶状等。由于花托形状的变化，使花的各部位的位置也发生了相应的变化，主要是花萼、花冠、雄蕊的着生位置与子房的相对位置的变化。

（1）下位花（上位子房） 花托凸起或呈柱状，花的各部轮状排列其上，从下而上依次为花萼、花冠、雄蕊、雌蕊，花萼、花冠、雄蕊着生点在子房之下，叫下位花；子房位于一朵花中央的最高位置，叫上位子房。

（2）周位花（半下位子房） 花托凹陷呈盘状、杯状或瓶状，花萼、花冠、雄蕊着生在花托周围，子房着生于花托底部中央，周围不与花托愈合，叫周位花，上位子房；如果子房下部与花托愈合，则叫半下位子房。

（3）上位花（下位子房） 花托凹陷而膨大成各种形状，子房着生于其中，且彼此完全愈合，花萼、花冠、雄蕊着生在花托的顶部，位于子房之上，叫上位花，下位子房。

2.2.4.7 花序

花在花序轴（花枝）上排列的顺序，叫花序。生于枝顶的花序叫顶生花序；着生于叶腋或枝腋的花序叫腋生花序。如果花序轴出自地表或地下茎，且不分枝、不长叶的花序叫花葶。花和花序的基部常着生叶状或鳞片状的变态叶，叫苞片，数枚苞片聚集在一起，则形成总苞。花序中最简单的是1朵花生于枝顶的，叫单花。此外，花序轴上常着生有多花或者花序轴有发生分枝，根据花的着生情况及花序轴的分枝方式，花序可分为无限花序和有限花序两大类。

（1）无限花序（向心花序） 花序轴能够不断生长的花序称为无限花序。如果在形态上是属于总状分枝式，开花的顺序是下部的花先开，逐渐向上开花；如果是平顶式的花序，则周围的花先开依次向中心开花。

① 总状花序　花序轴细长而且不分枝，其上着生多数花柄近等长的花。

② 穗状花序　花序轴长而不分枝，小花着生在花序轴上，小花无柄或柄极短。

③ 柔荑花序　与穗状花序相似，但同一花序的花均为单性花，常无花被，花序轴下垂。

④ 肉穗花序　与穗状花序相似，但花序轴肥厚肉质，并为一佛焰苞所包围。

⑤ 圆锥花序　花序轴分枝，各分枝在形成总状或穗状花序。

⑥ 伞房花序　与总状花序相似，但花序轴下面的花柄较长，向上渐短，使整个花序的顶端成为平头状。

⑦ 伞形花序　花柄近等长，集生于花序轴的顶端，状如开张的伞。

⑧ 头状花序　花无柄或近无柄，多花集生于短而宽、平坦或隆起的花序轴顶端（花序托），形成一头状体，外被以形状、质地各异的总苞。

⑨ 隐头花序　花集生于肉质中空的花序托内。

（2）有限花序　在形态上属于合轴分枝式，花序轴顶端的花先开，然后从上到下或从中心向周围依次开放。

① 单歧聚伞花序　花序轴顶端的花先开放，然后其下面一侧的花再开放，依次下去。如果下侧的花是左右交替，叫蝎尾状聚伞花序；如下侧的花均出现在一侧，形成卷曲状，则叫镰状聚伞花序。

② 二歧聚伞花序　花序中央的一花先开放，其下侧左右各形成一朵花开放，依次下去。

③ 多歧聚伞花序　花序中央的一花先开放，其下侧形成数朵花后开放。

④ 轮伞花序　聚伞花序着生于对生叶的叶腋，花序轴及花梗

极短，呈轮状排列。

2.2.5 果实和种子

2.2.5.1 果实的形态术语

植物开花后，胚珠受精发育形成种子，子房壁发育成果皮，果皮加上里面的种子即为果实。根据果实的结构，可以分为单果、聚合果和聚花果三大类。完全由子房发育而成的果实叫真果，如有花托或其他部分参与形成的果实叫假果。

2.2.5.2 单果

一朵花中只有一个单雌蕊，由其子房形成的具有一个子房室的果实，叫做单果。根据果实成熟后果皮是否干燥，单果可分为干果和肉质果两大类。

（1）干果 果实成熟后果皮失去水分而干燥，叫干果。根据果皮是否开裂又可分为开裂的干果和不开裂的干果两类。

① 开裂的干果 果实成熟后，果皮开裂，种子散发。常见的类型有如下几种。

a. 蓇葖果 由子房上位的单心皮雌蕊形成的果实，成熟时沿背缝线或腹缝线一侧开裂，内含 1-多数粒种子，如绣线菊、珍珠梅等。

b. 荚果 由子房上位的单雌蕊形成，成熟后沿腹缝线和背缝线同时开裂，如大豆、锦鸡儿等；也有的荚果在种子间收缩呈念珠状，成熟时在收缩处断裂形成节荚，如槐树。

c. 角果 由 2 个合生心皮的雌蕊形成，子房上位，2 室，中间有假隔膜，种子多数，成熟时沿假隔膜自下而上开裂。如果长度在宽度 4 倍以上的叫长角果，如白菜、油菜；4 倍以下的叫短角果，如荠菜。

d. 蒴果 由 2 个以上的合生心皮的上位或下位子房形成，2 室或多室，种子多数。开裂方式有：室背开裂，沿心皮背缝线开裂，如胡麻；室间开裂，沿心皮腹缝线开裂，如文冠果；孔裂，果实先端形成小孔,如罂粟;盖裂,果实上部横裂成盖,如车前。

② 不开裂的干果 成熟后果皮干燥不开裂,常见的类型有如下几种。

a. 瘦果 由离生心皮或合生心皮的上位子房或下位子房形成的1室子房,内含1粒种子,果皮紧包种子,不易分离。

b. 颖果 由2个合生心皮的上位子房形成,1室1粒种子,果皮与种皮完全愈合,如小麦、玉米。

c. 胞果 由合生心皮的上位子房形成,1室1粒种子,果皮薄而膨胀,疏松地包围种子。

d. 翅果 由合生心皮的上位子房形成,果皮外延形成翅,如榆树、槭树。

e. 坚果 果皮木质化,坚硬,1室1粒种子,如板栗、榛子。

f. 双悬果 由2个合生心皮的上位子房形成,果实成熟时形成2个分离的、悬挂在果柄上的小坚果,如防风。

(2) 肉质果 成熟时果皮及参与形成果实的部分肉质多汁。常见的有以下几种类型。

① 核果 由单心皮或合生心皮顶端上位子房形成,外果皮薄,中果皮肥厚、肉质,内果皮坚硬而形成硬核,内有1粒种子,如杏、桃。

② 浆果 由合生心皮的上位或下位子房形成,外果皮薄,中果皮及内果皮肥厚多汁,含1粒至多粒种子,如葡萄、枸杞。

③ 柑果 由和心皮的上位子房形成,外果皮革质,内果皮分隔成若干果瓣,果瓣内有许多多汁的腺毛,如柑、橘。

④ 瓠果 由合生心皮的下位子房形成,果皮外层由花托和外果皮组成,中果皮、内果皮及胎座均肉质化,如各种瓜类。

⑤ 梨果 由合生心皮的下位子房及花托形成,外果皮、中果皮不明显,内果皮革质,内有数室,如苹果、梨。

2.2.5.3 聚合果

一朵花中的多个单雌蕊(离生心皮雌蕊),每个单雌蕊形成一个单果，所有单果集生于膨大的花托上形成的果实，这样集生于一朵花内的许多单果合称聚合果。根据单果的类型可分为聚合瘦果，如草莓；聚合蓇葖果，如绣线菊；聚合核果，如悬钩子。

2.2.5.4　聚花果

由整个花序形成的果实，如桑椹、菠萝。

2.3　树体结构与树形

树体结构是指树木地上部分各个器官的分布排列和组成方式，强调的是树木各个部位的名称及组合方式；树形是指树冠的形状及外部轮廓，强调树木各个部位相互组合而形成的外部形状。

2.3.1　树体结构

2.3.1.1　树木树体的主要部位

构成树木树体的主要组成部分包括主干、中干、主枝、侧枝、骨干枝、延长枝、枝组、树冠。

（1）主干　主干俗称树干。指第一分枝点至地面的部分，即没有侧枝的树干部分。这部分的高度称为分枝点高或枝下高。不同的树木的分枝点高不同：园林树木中乔木类根据用途不同分枝点高也不同，一般来说，行道树的分枝点高要求较为严格，在2.5米以上，庭荫树同样要求较高；而果树则根据不同的树种和栽培目的，要求也不同。灌木的主干很短，丛生性灌木没有主干。

（2）中干　指分枝处以上主干的延伸部分。中干多由主干的顶芽或茎尖形成，也由有顶芽周边的腋芽形成。有些树木的中干很明显，会不断延伸至树梢，称"中央领导干"；有些不明显，半条中止，或与其他主枝难以区分；有些树木则基本没有中干。

（3）主枝　指着生在中干上的主要枝条，是一级枝条或叫一级侧枝，是构成树形的骨架。主干上离地面最近处生出的枝为第一主枝，依次向上为第二、第三……从中央领导干上分出的枝条成为次级主枝或副主枝。

（4）侧枝　指着生在主枝上的主要枝条，是树木的二级侧枝。从主枝的基部最下方生出的侧枝称为第一侧枝，依次向上为第二、第三……从主枝延长枝上分出的枝条称为次级侧枝或副侧枝。

（5）骨干枝　指组成树冠骨架的永久性枝条的总称，指的是多年生的枝条。

（6）延长枝　指各级骨干枝先端的延长部分，一般是一年生枝条。

（7）枝组　指由开花枝和生长枝组成的一组枝条，是观花、观果及开花结果的主要部分。

（8）树冠　在主干四周着生的所有主枝、侧枝、延长枝、枝组和树叶等统称树冠。常见的树冠类型有尖塔形、卵形、窄卵形、圆柱形、杯状形、圆球形、扁球形、平顶形、丛生形、拱枝形、棕榈形等。

2.3.1.2　树木的枝条类型

树枝的分类方式有许多种，这些枝条种类与整形修剪的关系最为密切，从不同角度认识，有以下不同的类型。

（1）根据枝条的姿态（简称枝姿）划分　可分为直立枝、斜生枝、水平枝、下垂枝、内向枝等。

① 直立枝　直立向上生长的枝条，称直立枝。

② 斜生枝　和水平线有一定角度，向上斜伸的枝条，称斜生枝。

③ 水平枝　水平生长的枝条，称水平枝。

④ 下垂枝　枝条先端向下垂的枝条，称下垂枝。

⑤ 内向枝　向树冠内生长的枝条，称内向枝或逆向枝。

（2）根据枝条之间的相互关系划分　可分为重叠枝、平行枝、轮生枝、交叉枝、并生枝等。

① 重叠枝　两个枝在同一个垂直平面内，上下相互重叠的枝，

称重叠枝。

②平行枝　两个枝同在一个水平面上，互相平行伸展的枝，称平行枝。

③轮生枝　几个枝着生在同一节上或相距很近的地方，并同时向四周呈放射状伸展，称轮生枝。

④交叉枝　两个以上相互交叉生长的枝，称交叉枝。

⑤并生枝　从一个节或一个芽中并生两个枝或多枝，称并生枝。

(3) 根据枝龄划分　可分为新梢、一年生枝、二年生枝、三年生枝及多年生枝等。

①新梢　落叶树木，凡有叶的枝或落叶以前的当年生枝，称为新梢；常绿树木自春季至秋季当年抽生的部分称为新梢。

②一年生枝　当年抽生的枝自落叶以后至翌春萌芽以前，称一年生枝。

③二年生枝　一年生枝自萌芽后到第二年春为止，称二年生枝。

④三年生枝及多年生枝　二年生枝再过一年，称三年生枝，以此类推。但通常把三年以上的枝条统称为多年生枝。

(4) 根据枝条在生长季内抽生的时期及先后顺序划分　可分为春梢、夏梢、秋梢、一次枝、二次枝等。

①春梢　早春休眠芽萌发抽生的枝梢，称春梢。

②夏梢　夏季萌发的芽而形成的枝梢，称夏梢。

③秋梢　秋季抽生的枝梢，称秋梢。

④一次枝　春季萌芽后第一次抽生的枝条，称一次枝。

⑤二次枝　当年在一次枝上抽生的枝条称二次枝。

(5) 根据枝条的性质和功能划分　可分为营养枝、徒长枝、叶丛枝、开花枝、开花母枝、更新枝、辅养枝、萌蘖枝、纤弱枝等。

①营养枝　即生长枝。当年生长后，不开花结果，直到秋季也无花芽或混合芽的枝。营养枝是生长为主的枝条，包括长、中、

短三类生长枝，叶丛枝，徒长枝等。

②　徒长枝　生长特别旺盛，枝粗叶大，节间较长，芽较小，含水分多，组织不充实，往往直立生长的枝条，称徒长枝。

③　叶丛枝　枝条节间短，叶片密集，常呈莲座状的短枝，称叶丛枝。

④　开花枝　着生花芽的枝条，称开花枝。包括长花枝、中花枝、短花枝和花束状枝。

⑤　开花母枝　着生开花枝的枝条，称开花母枝。

⑥　更新枝　用来替换衰老枝的新枝，称更新枝。

⑦　辅养枝　对树体起辅助营养作用的非骨干枝条，称辅养枝。

⑧　萌蘖枝　通常是由潜伏芽、不定芽萌发形成的新枝条。包括根茎部萌生的"茎蘖"、砧木上萌生的"砧蘖"等。

⑨　纤弱枝　常处于冠内或冠下因缺少阳光雨露而生长不良，短而细弱，皮色暗，叶小、毛多的生长枝。

2.3.1.3　树木芽的类型

芽是处于幼态而未伸展的枝、花或花序，也就是枝、花或花序尚未发育前的原始体。

(1)　根据芽所形成的器官性质划分　可分为叶芽、花芽和混合芽。

①　叶芽　萌发后只生成枝叶的芽，称叶芽。叶芽一般外形细瘦，先端尖，鳞片较狭。

②　花芽　萌发后只生成花的芽，称花芽或纯花芽。

③　混合芽　萌发后既抽生枝叶，又开花的芽，称混合芽。

(2)　根据芽的位置划分　可分为顶芽、侧芽、定芽、不定芽、主芽、副芽。

①　顶芽　着生在枝条顶端的芽，称顶芽。

②　侧芽　着生在叶腋中的芽，称侧芽或叶腋芽。

③　定芽　在枝条固定位置发生的芽，称定芽。

④ 不定芽 在茎或根上发生位置不固定的芽，称不定芽。

⑤ 主芽 生于叶腋中间而最充实饱满的芽，此芽可为叶芽、花芽或混合芽。

⑥ 副芽 叶腋中除主芽以外的芽。生在叶腋中主芽外侧的芽，也可重叠在主芽上下方。有些树种副芽常潜伏为隐芽，当主芽受损时，则能萌发。

（3）根据一节上芽的数目划分 可分为单芽和复芽。

① 单芽 一个节上仅生一个饱满的芽，称单芽。

② 复芽 在一个节上生有两个以上的芽，常按芽数的多少称为双芽、三芽、四芽等。在一组复芽中，有主芽和副芽的区别。主芽通常只有 1 个，副芽则不一定。主芽的萌芽力高，副芽的萌芽力则相对弱，成为潜伏芽的概率高。

（4）根据芽的生理活动状态 可分为活动芽和隐芽。

① 活动芽 在萌发期能及时萌动的芽。

② 隐芽 有些芽形成后到第二年春天或连续多年不萌发，但在受刺激后可抽生枝条。所以，栽培上常锯除老枝，促使基部隐芽萌发，以更新树冠。

2.3.1.4 树木枝芽的特性

树体枝干系统及所形成的树形，决定于枝芽特性，芽抽枝，枝生芽，两者极为密切。芽是多年生植物为适应不良环境和延续生命活动而形成的重要器官。它是枝、叶、花的原始体，与种子有相似的特点，所以芽是树木生长、开花结实、更新复壮、保持母株性状和营养繁殖的基础。了解观赏花木的枝芽特性，对整形修剪有重要意义。

（1）芽序 定芽在枝上按一定规律排列的顺序性称芽序。芽序和叶序一致。叶对生的树种，上下两节之间的芽的方位相差 90°，称 1/4 式。两列状互生的树种，上下两节之间的芽方位相差 180°，称 1/2 式。螺旋状互生的树种最多，其上下两节之间的芽方位相差

144°，称 2/5 式。树木的芽序与枝条的着生位置和方向密切相关，因此了解芽序对修剪时考虑留芽的方向有一定的参考意义。

（2）芽的异质性　由于芽形成时，枝叶生长的内部营养状况和外界环境条件的不同，使着生在同一枝上不同部位的芽存在大小、饱满程度差异的现象，称之为芽的异质性。一个正常生长的生长枝上，近顶端的芽质量也较差。在有春、秋梢生长的枝条上，除有上述规律外，在春、秋梢交界处，节部芽极小，质量很差或无芽，称为盲节。但是，如果是一个中短枝，往往多数是上、中部的芽质量好，基部的芽质量差。此外，不同树种、不同树龄、不同栽培条件，壮芽的分布不一定都有这样的规律，有时壮芽也会长在枝条的基部。

（3）芽的潜伏力　当枝条受到某种刺激或冠外围枝处于衰弱时，能由潜伏芽发生新梢的能力称芽的潜伏力。潜伏芽在当前这个年生长期内暂时不萌发，而在以后的某个生长期萌发，这段时期就叫"潜伏期"。在潜伏期内，潜伏芽是有生命力的。不同树种潜伏芽的潜伏期长短不同，如桃的潜伏芽的潜伏期只有一年，潜伏力弱；石榴潜伏芽的潜伏期可长达 8～10 年，潜伏力强。潜伏力强的树种容易更新复壮，复壮得好的几乎能恢复原有的冠幅，甚至能多次更新，树体寿命长；反之，潜伏力弱的树种不易更新复壮，寿命也短。

（4）萌芽力和成枝力　一年生枝条上芽的萌发能力，称萌芽力。常用萌芽数占该枝上芽的总数的百分数来表示，称萌芽率。枝条上的芽萌发后，并不是全部都能抽生为长枝，抽生长枝的能力，称为成枝力。不同树种，甚至同一树种的不同品种之间有不同的萌芽力和成枝力。萌芽力和成枝力都强的树种，其枝条又多又长；两者都弱的树种，其枝条则又少又短；萌芽力强、成枝力弱的树种，其枝条多而短；萌芽力弱、成枝力强的树种，其枝条少而长。这些不同特性的表现形成了园林树木丰富多彩的树形、高度和冠幅。

（5）芽的早熟性与晚熟性　有些树木生长季早期形成的芽，当年就能萌发，有的多达2~4次梢，芽的这种特性称芽的早熟性；已形成的芽，在当年生长期内不萌发，需经一定的低温时期解除休眠，到第二年才能萌发，芽的这种特性称芽的晚熟性。具有早熟性芽的树种或品种一般萌芽率高，成枝力强，花芽形成快，开花早。不同树种早熟性芽和晚熟性芽的多少不同。即使是同一树种，芽的熟性也会随树龄、环境条件、栽培措施的不同而发生改变。

（6）顶端优势　位于枝条顶端的芽或枝条，萌芽力和生长势最强，而向下依次减弱的现象称为顶端优势。一株树木整体或局部的顶端优势现象，和它的分枝习性、乔化强弱、枝条位置和枝条角度有关。单轴分枝的树木顶端优势明显，其突出表现就是中央领导干发达；合轴分枝和假二叉分枝的树木顶端优势则不十分明显，它的中央领导干不发达，甚至很快消失。越是高大的乔木，它的顶端优势越明显；反之，越是矮小的灌木顶端优势越不明显。枝条越是直立，顶端优势越明显；水平或下垂的枝条，由于极性的变化顶端优势减弱。

（7）干性与层性　园林树木自身能形成中干并维持其生长势强弱的能力称为干性。顶端优势明显的树种，中心干强而持久。凡是中心干明显而坚挺并能长期保持优势的，则称为干性强。这是乔木树种的共性，即枝干的中轴部分比侧生部分具有明显的相对优势。树木干性的强弱对树木高度和树冠的形态、大小等具有重要的影响。

由于顶端优势和芽的异质性的缘故，使强壮的一年生枝产生的部位比较集中，使主枝在中心干上的分布或二级枝在主枝上的分布形成明显的层次，这种现象简称层性。一般顶端优势强而成枝能力弱的树种层性明显，有些树种的层性一开始就明显，而有些树种则随树龄增大，弱枝衰退、死亡，层性才逐渐明显起来。具有层性的树冠，有利于通风透光。

不同树种的干性和层性强弱不同，有些树种干性强而层性不明显；有些树种干性强层性也明显；有些树种干性比较强，主枝也能分层排列在中心干上，层性最为明显；有些树种幼年期干性强，成年期后干性、层性都明显减退；有些树种干性、层性都不明显。另外，在不同的栽培条件下，孤植会减弱干性，人为修剪也能左右树木干性和层性。

（8）分枝方式和分枝角度 园林树木的各级分枝都是由腋芽形成的，由于芽的性质和活动情况不同，所产生的枝的组成和外部形态不同，因而不同的树木分枝方式各异。园林树木的分枝方式主要有以下四种。

① 总状分枝式 枝的顶芽具有生长优势，能形成通直的主干或主蔓，同时发生侧枝，侧枝上又能发生次级分枝，这种有明显主轴的分枝方式称总状分枝或单轴分枝。具有总状分枝的树种，主干极其明显。

② 合轴分枝式 枝的顶芽经过一段时间的生长后，先端分化花芽或自枯，邻近的侧芽代替原有的顶芽继续延长生长，每年如此重复生长，使树干继续生长，这种主干是由许多腋芽发育而成的侧枝组成的分枝方式，称合轴分枝。

③ 假二叉分枝 具有对生芽序的树种，顶芽自枯或形成花芽，由其下的一对对生芽同时萌发形成枝条，形成叉状分枝，以后也以同样方式生长分枝，这种分枝方式称假二叉分枝。

④ 多歧分枝 顶梢芽在生长季末生长不充实，侧芽节间短，或在顶梢直接形成3个以上生长势相近的顶芽，在翌年生长季每个枝条顶梢长出3个以上新梢同时生长，这种分枝方式叫多歧分枝。该种类型的树木树干低矮，如果要培育成高干树，就要采用抹芽法或短截主枝重新培养中心主枝。

有些树木，在同一植株上有两种分枝方式，如广玉兰开始是单轴分枝，当它某一延长枝或中央领导干的顶芽开花后，就局部或全部变成合轴分枝，对于这类型的树木，在整形修剪时需要特别加以注意。

枝条抽出后与其着生枝条之间的夹角称为分枝角度。由于树种、品种的不同,分枝角度有很大差异。在一年生枝上抽生的枝条的部位距顶端越远,分枝角度越大,反之越小。

2.3.2　树形的类型

2.3.2.1　园林树木树形的类型

(1) 塔形　这类树形的顶端优势明显,主干生长势旺盛,树冠剖面基本以树干为中心,左右对称,整个形体从底部向上逐渐收缩,整体树形呈金字塔形,如雪松、水杉、冲天柏。

(2) 圆柱形　顶端优势仍然明显,主干生长旺盛,但树冠基部与顶部均不开展,树冠上、下部直径相差不大,树冠紧抱,冠长远超过冠径,整体形态细窄而长,如杜松、钻天杨。

(3) 圆球形　包括球形、卵圆形、圆头形、扁球形、半球形等,树种众多,应用广泛。这类树木的树形构成以弧线为主,给人以优美、圆润、柔和、生动的感受,如黄刺玫、榆树、樱花梅、樟、石楠、榕树、加杨、球柏等。

(4) 棕榈形　这类树形除具有南国热带风光情调外,还能给人以挺拔、秀丽、活泼的感受,既可孤植观赏,也宜在草坪、林中空地散植,创造疏林草地景色,如棕榈、蒲葵、椰子、槟榔等。

(5) 下垂形　伞形外形多种多样,基本特征为有明显悬垂或下弯的细长枝条,如垂柳、垂榆龙爪槐、垂枝山毛榉、垂枝梅、垂枝杏、垂枝桃等。

(6) 雕琢形　人们模仿人物、动物、建筑及其他物体形态,对树木进行人工修剪、蟠扎、雕琢而形成的各种复杂的几何或非几何图形,如门框、树屏、绿柱、绿塔、绿亭、熊猫、孔雀等。雕琢由多种线条组合而成,其观赏情趣具有雕琢物体自身的特性与意味。在园林中根据特定的环境恰当应用,可获得别具特色的观赏效果,但用量要适当,应少而精。

(7) 丛生型　从基部长出许多分枝,整个树形呈丛状。如垂丝海棠、木槿、大叶黄杨等。

2.3.2.2　果树树形的类型

果树的整形目的就是促花促果，有利于花芽的形成和生长发育，有利于果实的生长发育，提高果实的产量和质量。要达到这一目的，在整形修剪时，就要充分考虑整个树冠的通风透光性，要使各个结果部位都能够接受到充足的阳光，并且把树木的营养都集中在花和果实的生长发育。

果树的树形主要是指依据果树整形修剪的原则和原理，按照人们的意图所整成的具有人为因素的树形，而不是指让其自然生长的树形。也就是说，果树的树形均含有人为因素。没有经过人工整形，由其自由生长所形成的树形，在果实整形中不列为树形的类型。人为整形的树形可分为自然形（自由形）和人工形（束缚形）两类。自然形是指接近果树天然的树形，在树干上按自然的姿态排列主枝和副主枝，形成树冠，在整形中加以人为控制，这和天然形（即让其自然生长成形），不加人工控制的树形有明显的区别。人工形树形是指完全与自然树形不同，枝条依据人工支配整理后，完全不具有树木原来自然形的痕迹，如藤本果树的棚架整形、绿篱型整形以及灌木状整形等。

果树自然形树形依据骨干枝的配置方式和数目的不同而有不同的树形，因此，树形的区别，必须依据骨干枝的排列和数目等来决定。在果树整形上所用的自然形骨干枝而言，根据是否有中央领导主干分为领导干型和无领导干型两大类。领导干型有可根据其主枝在领导干上的排列方式分为有层型、无层型和有层无层混合型；无领导干型可分为开心型和闭心型两类。

下面列出果树自然形的各种树形种类（图2-1）。

（1）领导干型　这种树形适用于有中央领导干的果树，如梨树、苹果树、甜樱桃树、柿树、栗树、枇杷树等。其特征为保持1个中央领导干，主枝排列在领导干上，向四周放射伸展，根据主枝

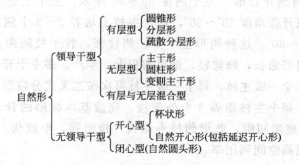

图 2-1　果树自然形的各种树形种类

排列的分层与否，可分为以下三个类型。

① 有层型　主枝在领导干上，以 2～5 个主枝为一群，向四周放射状伸展，渐次向上分层排列，各层间留有一定的距离，以便通风与透光。这类树形主要有圆锥形、分层形、疏散分层形三种。

② 无层型　主枝在领导主干上分别按适当的位置和距离自下而上排列，并向四周呈均匀放射状伸展，树冠无层性。这类树形各主枝在领导干上各自占据一点，不如有层型的树形，在主干的同一局部有几个主枝发生而形成一层，以致相互受左右空间利用的牵制，故分枝较为自由，而彼此荫蔽较少。这类树形主要有主干形、圆柱形、变则主干形三种。

③ 有层与无层混合型　是有层型和无层型的混合树型，有分层，层间又有部分主枝着生。因此，有分层，但分层不明显。

(2) 无领导干型　这种树型无中央领导主干，从基部萌发数个主枝，大多数果树都可以通过人工整形的方法培养无领导干型的树形，主要包括杯状形、自然开心形、延迟开心形和自然圆头形。

① 杯状形　杯状形与自然开心形相近，都是有 3 个主枝开心形，不同之处是杯状形的 3 个主枝按二叉分枝的方式培养形成 6 个二级主枝，二级主枝再以二叉分枝的方式形成 12 个三级主枝。

②自然开心形　主干高度30～50厘米，主干上分生3个主枝，主枝开张角度30°～50°，每个主枝上培养2～3个侧枝，开张角度60°～80°。这种树形主干少，侧枝强，骨干枝间距大，光照好，枝组寿命长，修剪轻，结果面积大，丰产。多主干开心形在主干分生3个一级主枝，每个一级主枝再次按二叉式分枝形成6个二级分枝，每个主枝培养2个外侧枝。完成基本树形的骨干枝保持90～110厘米间距，此形侧枝寿命长，枝组强，形成快，早丰产，进一步提高空间利用率。

③延迟开心形　延迟开心形又称二层开心形，是主干形和开心形的结合。树体结构为具有二层主枝，主干到第一层主枝的距离为60～70厘米，第一层留3～4个主枝，层间距80厘米，第二层留2～3个主枝，与第一层间隔1.5～2.0米，层间距60厘米。主枝角度大于60°，第一层主枝上分别培养2～3个侧枝，第二层主枝上分别培养1～2个侧枝，全树有15个左右的侧枝，侧枝上着生结果枝组。

④自然圆头形　自然圆头形没有明显的中央领导干，定干高度为70～90厘米，在主干上错落着生5～6个主枝。自然圆头形其上就是多主干自然开心形，虽无明显主干，但有1个向树冠内延伸的是主枝，其余的是主枝，则多向外围延伸。在各个主枝上，每隔50～60厘米，选留1个侧枝，使其错落着生于主枝两侧；在侧枝上着生各类枝组，枝组着生的部位和延伸方向不是很严格，主要是着生骨干枝的两侧和背下。着生在背上的枝组，只要生长势不过强，不影响骨干枝的生长，也不影响树形和其他结果枝的时候可以保留，有影响的时候，再继续缩剪或疏除。

第3章

园林绿化树木的整形修剪技术

3.1 园林绿化树木的整形修剪方法

园林绿化花木的整形修剪，是根据不同类型的花木的生物学特性、美化效果及观赏价值的要求，通过一些人为的技术措施，对花木的枝干进行处理，以此促进或抑制花木新梢的生长、控制枝条的数量、改变枝条的生长角度和方向。通过整形修剪，一方面能够形成符合花木生长发育习性树体类型和枝条的组合搭配，使花木具有较强的生长势，生长发育健康，树势强壮；其次可以形成较好的树形，达到各类花木理性的观赏树形；另外，可以促进花木开花结果，提高观花观果花木的观赏价值。花木的整形修剪方法主要有以下几种。

3.1.1 短截

短截是指将一年生枝剪去一部分的修剪方法称为短截。短截对枝条有局部刺激作用，可以促进剪口芽萌发，达到分枝、延长、更新、控制（或矮壮）等目的；但短截后总的枝叶量减少，有延缓母枝加粗的抑制作用。所以，短截能够增加枝梢密度；缩短枝轴和养分运输距离，利于促进生长和复壮更新；改变枝梢的角度和方向，改变顶端优势部位，调节主枝平衡（"强枝短留，弱枝长留"）；增强顶端优势；控制树冠和枝梢。按剪截量或剪留量区分，有轻短截、中短截、重短截和极重短截四种方法。

3.1.1.1 轻短截

轻短截的剪除部分一般不超过一年生枝长度的 1/4～1/3（图 3-1）。轻短截的目的是削弱枝条的顶端优势，短截后保留的枝段较长，侧芽多，养分分散，可以形成较多的中、短枝，使单枝自身充实中庸，枝势缓和，有利于形成花芽，修剪量小，树体损伤小，对生长和分枝的刺激作用也小，对剪口下的新梢刺激作用较弱，单枝的生长量减弱，但总生长量加大；发枝多、母枝加粗快，可缓和新梢生长势，有利于花芽的分化。

图 3-1　轻短截操作示意图

1—短截的部位；2—短截后保留的部分；

3—剪掉的部分；4—轻短截后发枝情况

3.1.1.2 中短截

中短截多在春梢中上部饱满芽处剪截，剪掉春梢的 1/3～1/2（图 3-2）。截后分生中、长枝较多，成枝力强，长势强，枝条加粗生长快，可促进生长，一般用于延长枝、培养健壮的大枝组或衰弱枝的更新，有利于树冠的延伸及恢复枝条生长势。

图 3-2　中短截操作示意图

1—短截的部位；2—短截后保留的部分；

3—剪掉的部分；4—中短截后发枝情况

3.1.1.3　重短截

重短截剪去枝条的 2/3～3/4（图 3-3），多在春梢中下部半饱满芽处剪截，剪口较大，修剪量亦大，对枝条的削弱作用较明显。重短截后一般能在剪口下抽生 1～2 个旺枝或中、长枝，即发枝虽少但生长势强，多用于培养枝组或发枝更新，恢复长势和改造徒长枝、竞争枝。

3.1.1.4　极重短截

极重短截多在春梢基部留 1～2 个不饱满芽剪截（图 3-4），剪后可在剪口下抽生 1～2 个细弱枝，有降低枝位、削弱枝势的作用。

生长快，可防徒长枝生长。一般用于延长枝，尤其骨干枝的大枝组或延育更长枝配置枝。着枝于树冠间隙部及枝爱枝养生长势...

图 3-3　重短截操作示意图

1—短截的部位；2—短截后保留的部分；

3—剪掉的部分；4—重短截后发枝情况

3.1.1.3　重短截

重短截：又称重截，剪去 2/3～3/4（图 3-3），去年年枝中下部十饱满芽处枝、剪口下较，一般剪量重大，成枝养前剪端作用发明显重截强度一般较小同上是 1～2 个饱芽或中，长枝养的发枝少几乎生长期，主用于养养枝强度长度，因发长养的果延枝壮长枝，冷弱枝。

3.1.1.4　极重短截

极重短截又...重枝，仅留基部瘫痪 1～2 芽处剪（图 3-4）。剪后往往剪口下抽出 1～2 个细弱枝，有降低枝位，调整枝势的作用用...

图 3-4　极重短截操作示意图

1—短截的部位；2—短截后保留的部分；

3—剪掉的部分；4—极重短截后发枝情况

极重短截在生长中庸的树上反应较好，在强旺树上仍有可能抽生强枝。极重短截一般用于徒长枝、直立枝或竞争枝的处理，以及强旺枝的调节或培养紧凑型枝组。

短截的主要作用有：①轻度的短截能刺激剪口下侧芽的萌发，增加枝叶密度，有利于有机物的积累，促进花芽分化；②短截缩短枝叶与根系之间营养运输的距离，有利于养分的运输；③中短截有利于营养生长和更新复壮；④短截改变了顶端优势的位置，故而，为了调节枝势的平衡，可采用"强枝短留，弱枝长留"的方法；⑤短截可以控制树冠的大小和枝梢的长短，培养各级骨干枝均要采用短截的方法。

不同树种、品种，对短截的反应差异较大，实际应用中应考虑树种、品种特性和具体的修剪反应，掌握规律、灵活运用。着生于树体不同部位的一年生枝条，芽的饱满程度不同，因此短截部位的不同，对枝梢的长势也不一样。在春梢芽体饱满处进行短截（轻短截），可以促发长梢，加强营养生长；在基部芽体不饱满的位置进行短截（重短截或极重短截），由于这些芽发育不充实，积累的营养物质少，因此短截后虽然能够促其萌发，但抽生的枝条生长势较弱，只能够抽生 1～2 个中、短枝；如果春梢不进行短截，而在秋梢上或在春梢与秋梢交界处短截（中短截），短截后留下的部位芽的数量较多，养分相对分散，萌发的新梢长势较为缓和。

在幼树的整形过程中，如果着生于主干上的一级侧枝（以下称主枝）长短不一，会形成树冠偏斜而不均衡时，可以在旺枝中、下部的芽体不太饱满的位置进行重短截，或选留弱枝、中庸长势的枝条带头，同时注意开张角度，以减缓旺枝的生长势；对于长度不足或生长势过弱的主枝，短截时可选用壮枝、壮芽带头，并抬高其角度，可维持树冠均衡。为了恢复老树或小老树的正常生长，可采用壮枝、壮芽带头的短截修剪方法。无论是在休眠期还是在生长期对树木进行重短截，虽然有增强局部枝条生长势的作用，但对树体的整体有抑制作用。所以，短截修剪，一定要掌握适时、适度、适量的原则,而且还要与栽培管理和修剪措施相配合。

3.1.2 疏剪

3.1.2.1 疏剪的概念

将不需要的枝条或枝组从基部将其全部剪掉的修剪操作方法称为疏枝或疏剪,也称疏删、删剪,简称疏(图 3-5)。疏去的可能是一年生枝条,也可能是多年生大枝或枝组。

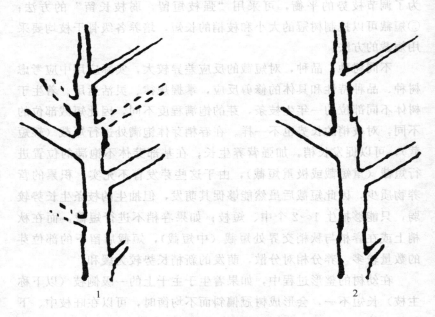

1   2

图 3-5 疏剪操作示意图
1—疏剪前;2—疏剪后

3.1.2.2 疏剪的作用

(1)调节生长势 疏枝后使留下来的枝条生长势增强,因其营养面积相对扩大,有利于其生长发育。但使整个树体生长势减弱,生长量减小。疏枝减少树木光合作用的叶面积总量,对植株整体疏枝有削弱作用。另外，疏枝后必然会形成伤口，对水分运输也有影响，对局部的刺激作用与枝条着生的位置有关，对同侧的剪口以下的枝条有增强的作用，对同侧剪口以上的枝条有削弱作用，因为疏枝在母枝上产生伤口，影响营养物质的运输。疏枝越多，伤口之间越近，距伤口越近的枝条，这两种作用越明显。通常用疏枝控制枝条旺长或调节植株整体和局部的生长势。疏去轮生枝中的弱枝、密生枝中的小枝对树体均有益。过多疏除枝条，会削弱母树的生长势，因此，幼树不宜疏枝过多。

（2）改善光照条件　疏枝后枝条少了，改善了树冠的通风、透光条件，对于花果类树种，有利于形成花芽，开花结果。以观果或结果为目的的树木，应多疏枝，有利于开花结果和果实着色。

如苹果、梨、桃等对枝条密集拥挤的疏剪，枝条密集拥挤、通风透光不良，一般都是采用疏枝的办法来解决。留枝的原则是宁稀勿密，枝条分布均匀，摆布合理。

3.1.2.3　疏剪的枝条类型

疏去背上枝、直立枝、交叉枝、重叠枝、萌芽枝、病虫枝、下垂枝和距离较近过分密集拥挤的枝条或枝组。

在培养非开花结果乔木时，要经常疏除与主干或主枝生长的竞争枝。针叶树种轮生枝过多、过密、过于拥挤，也常疏去一轮生枝，或主干上的小枝。为提高枝下高把贴近地面的老枝、弱枝疏除，使树冠层次分明、观赏价值提高。小枝的疏剪用修枝剪操作（图3-6）。

3.1.2.4　疏除大枝的技术要领

（1）疏除大枝截面位置的确定　锯截位置及操作方法正确与否直接影响到修剪伤口愈合的快慢和树木的健康。早些年，通常采用尽量贴紧疏枝基部锯除大枝，这样使锯截的伤口过大不易愈合，有可能会出现树体中空甚至死亡，近几年已经不采用这种锯截方法，而采用美国专家建议的自然目标修剪法，即截口既不紧贴树干，也

图 3-6　疏剪小枝操作示意图

不应该留较长的残桩，正确的修剪位置是贴近树干但是不超过侧枝基部的"枝皮脊"与"枝领"（图 3-7），这样就保留了枝领以内的保护带，可以防止病菌感染到树干。对于枯死枝的截口位置，应该在枯死的侧枝基部隆起的愈伤组织外侧。

（2）大枝疏除的步骤　疏除直径 10 厘米以上的大枝，修剪的步骤应该分为三步，称为大枝三步修剪法（图 3-8）：首先在要疏除的大枝上距离剪口 25 厘米处，在枝条下方自下而上锯一个深度达枝条直径的 1/3～1/2 的锯口；然后在第一锯口外侧 5 厘米处，枝条的上方自上而下锯截到枝条折断；最后在留下的侧枝桩上正确的位置锯断（图 3-8）。即使不采用三步修剪法，也要在锯截之前，

92

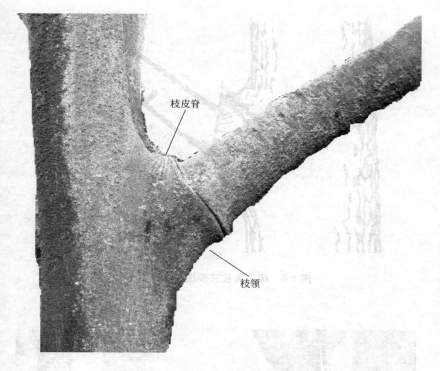

枝皮脊

枝领

图 3-7　枝领和枝皮脊的位置

先在锯截位置的下方锯一个锯口，深度为枝条的 1/3 左右，然后在锯截的位置自上而下锯到与第一个锯口相接锯断枝条（图 3-9）。采用以上的两种方法疏除大枝不会使锯口劈裂或撕裂，否则可能会导致锯口撕裂（图 3-10），对剪口造成更大的伤害。

（3）大枝疏除锯口的保护　一般直径大于 1 厘米锯口，都应该加以保护，先用洁净的刀具将锯口修整平滑（图 3-11），然后消毒，最后涂上保护剂保护锯口（图 3-12），也可以用塑料布包扎锯口。

常用的消毒剂有：①硫酸铜溶液，用硫酸铜 10 克，加 10 升水

树木整形修剪技术图解

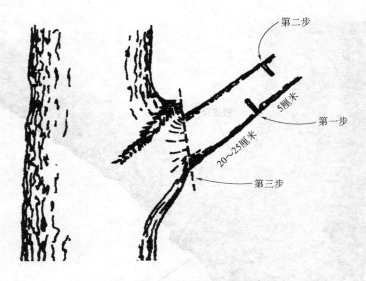

图 3-8　疏剪大枝三步法操作示意图

图 3-9　疏剪大枝二步法操作示意图

图 3-10　直接疏剪大枝导致锯口撕裂

溶解后，倒入温水中搅拌均匀，再以 10 升水稀释后备用；②波尔多液，硫酸铜 10 克，生石灰 10 克，水 10 升调和备用；③福尔马林（甲醛）溶液，35％的福尔马林加水 3～5 倍即可。保护剂有保护蜡、油铜制剂、液体保护剂等。保护蜡：松香 2500 克、黄蜡 1500 克、动物油 500 克配制，先把动物油在锅里加热熔化，再放入松香和黄蜡，不断搅拌到全部熔化后冷却备用。一般用于涂抹面积较大的锯口；油铜制剂：豆油 1000 克、硫酸铜 1000 克、熟石灰 1000 克配制，先将硫酸铜和石灰研成粉末。将豆油倒入锅内煮至

树木整形修剪技术图解

图 3-11　完整的锯口

图 3-12　剪口的保护

96

沸腾，再将研好的硫酸铜和石灰粉加入，搅拌均匀冷却即可。白涂剂：生石灰、动物油、食盐按 8 : 1 : 1 比例加入 40 倍的水（按重量计），为了增加美学效果，可加入一些其他颜色的颜料，使其与树皮颜色协调一致。

3.1.2.5　与疏剪作用相近的修剪措施

（1）抹芽　抹芽也叫掰芽，就是在树木的芽萌发前或萌发后尚未生长成为枝条或开花之前将其抹除。此时芽幼嫩而且很脆，用手轻轻一抹或一掰即可除去，故称抹芽或掰芽（图 3-13）。抹芽是为了节省养分和整形上的需求，将多余的不需要的芽抹除，使养分集中供应给保留下来的芽，这些芽可以得到充足的营养，叶芽萌发成为枝条后生长旺盛，花芽开花后营养充足，容易坐果，果实发育充实，果个大，品质好。

图 3-13　抹芽的操作

Ⅰ.未展叶时的抹芽；1—抹芽前的枝条；2—抹掉的芽；

3—抹芽后的枝条；4—抹芽后保留的芽

Ⅱ.展叶后的抹芽；1—抹芽前的枝条；

2—抹除的芽；3—抹芽后的枝条

在花木整形修剪中，树体内部枝干上会萌生很多芽，枝条和芽的分布要相距一定的距离和具有一定的空间位置，那么就要将位置不适合的、多余的芽抹除，保留对树形有支撑作用的芽和枝条。例如，落叶灌木定干后，会长出很多萌芽，抹芽要注意选留主枝芽的数量和相互之间的距离以及角度，一般选留3～5个主枝，彼此之间的距离和位置相近，开展角度也接近。对于开花和结果的树木，有时花芽萌发的特别多，就需要根据树体的大小，抹除多余的花芽，保留适合的花芽数量，使开花和结果的营养充足，有利于成花和坐果。

抹芽是最为有效的修剪方法，在芽尚未萌发成为枝条和花果时就将其抹除，对树体的伤害最小，也不会消耗树体的营养。如果等待芽萌发成为枝条后再疏除，一方面对树体有伤害，另一方面因为枝条的萌发要消耗营养，疏除已经萌发的枝条就将萌发消耗的营养一起除去，特别是萌发的枝条生长成为大枝后再疏除，对树体的伤害就更大，而且消耗的营养也就更多。因此，抹芽是最为经济的修剪方法，操作简单，快速。因此在花木整形的过程中，应该尽量采用抹芽的方法。

（2）疏梢　在芽萌发的时候，没有及时进行抹芽，芽就萌发成为嫩枝，也叫嫩梢，对于不需要的嫩梢，应该及时疏除，这种将不需要的嫩梢疏除的修剪方法称为疏梢（图3-14）。疏梢与疏枝和抹芽的作用相同，只是疏梢是疏除嫩梢，也就是刚萌发不久的嫩枝，对树体的伤害和营养的消耗比疏除大枝小，而比抹芽的大。

（3）除萌　除萌又称去蘗，指将树木基部萌发出的萌蘗枝条剪除的修剪方法。除萌蘗是将树木基部萌发出的枝条从基部全部剪除，也是疏枝的一种修剪方法。很多树木，尤其是萌蘗性强的树木，经常会从基部萌发出许多萌蘗枝条，而且有些是从地表以下萌发的枝条，无法用抹芽的方法操作，只有等枝条萌发长出地面后再进行剪除。在嫁接树木的砧木上也会萌发出砧木萌蘗枝条，这些枝条会影响接穗的生长发育，因此嫁接树木砧木上萌发出的枝条也要疏除，最好采用抹芽的方法，如果来不及抹，芽萌发成为枝条后要尽早剪除。

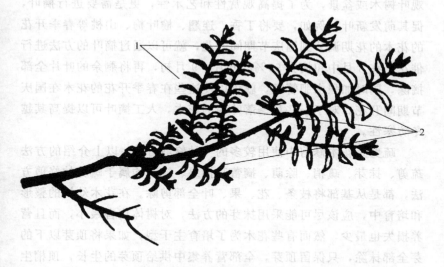

图 3-14　疏梢的操作
1—疏除的枝梢；2—保留的枝梢

（4）摘蕾和摘果　摘蕾和摘果是指将花蕾或果实摘除，又叫疏花疏果。此项技术在园林花木的培育中经常采用。如丁香结实率较高，花后要及时摘除残花，否则果实成熟后，满树挂着褐色的蒴果，很不美观，为了增加观赏效果，常采用此项措施；月季在夏季进行修剪，主要就是剪除残花。对于观果类花木，为了达到较好的观赏效果，也需要将多余的花和果实疏除，保留合适的果实量，以达到果实成熟好、极佳的观赏效果。

（5）摘叶　将叶片带叶柄剪除的修剪方法称为摘叶。摘叶可以改善树冠内的通风透光条件，可以使观果花木的果实充分接受光照，着色好，果实美观，观赏价值高；对于枝叶过于密集的树冠进行摘叶，可以有效地防止病虫害的发生；通过摘叶还可以起到催花的作用；对于一些新叶颜色独特、观赏价值较高的树木，经常采用摘叶的措施，使其经常萌发新叶，提高观赏价值，尤其是一些盆栽观叶树木或盆景，为了提高观赏性和艺术性，更是需要进行摘叶，促其萌发新叶。例如，要将丁香、连翘、榆叶梅、山桃等春季开花的花木的花期调节到国庆节期间开花，就可以通过摘叶的方法进行催花，在 8 月中旬摘去 50％的叶片，9 月初，再将剩余的叶片全部摘除，同时加强水肥管理，就可以使这些在春季开花的花木在国庆节期间开花。对于一些秋季落叶晚的花木，人工摘叶可以提高其越冬防寒性。

疏剪是花木修剪中使用较多的一种修剪方法，以上介绍的方法疏剪、抹芽、疏梢、除萌、摘蕾和摘果、摘叶均属于疏剪的修剪方法，都是从基部将枝条、花、果、叶全部剪除。在花木幼树的整形和培育中，应该尽可能采用抹芽的方法，对树体伤害最小，而且营养损失也最少，然而有些花木为了培育主干型，如果将顶芽以下的芽全部抹除，只保留顶芽，全部营养集中供给顶芽的生长，顶梢生长速度过快，致使嫩梢不能够支持直立生长，使得新梢弯曲，因而在抹芽的时候可以适当保留一些侧芽，萌发成为侧枝削弱顶梢的生长势，使顶梢生长变慢，枝干直立，这些保留的侧枝在生长季结束的时候再进行疏除。对于已经成型的花木，为了维持理想的树形和开花结果的性能，同样需要对一些枝条进行疏剪，要将那些对树冠形状有影响的枝条（如背上枝、直立枝、下垂枝），对树木生长和开花结果有影响的枝条（如交叉枝、重叠枝、萌芽枝、病虫枝和距离较近过分密集拥挤的枝条或枝组）都需要疏除。对于基部容易萌发萌蘖枝条的树木，要及时疏剪，嫁接花木砧木上萌发的枝条也要及时疏除，才有利于花木的生长和成型以及开花结果。

3.1.3　缩剪

缩剪是剪掉多年生枝条的一部分，短剪多年生枝条，或在多年生枝条上短剪。修剪后会使树冠向内或向下回缩或缩小，故称缩剪（图 3-15），也叫回缩。

缩剪一般修剪量大，刺激较重，缩剪后母枝的总生长量减少了

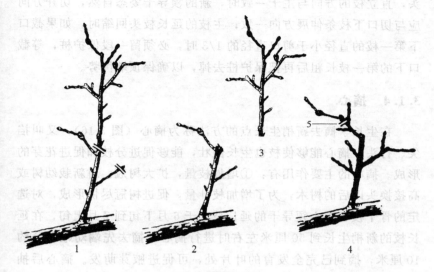

图 3-15　缩剪的操作

1—要缩剪的枝条及部位；2—缩剪后留下的部分；3—剪除的部分；
4—缩剪后发枝情况；5—下一次缩剪的位置

（即对母枝有较强的削弱作用），缩短了根叶距离，也就缩短水分和养分运输的距离，调节水分和养分的运输与分配，改善光照条件，使多年生枝条得以复壮，同时能促进剪口后部的枝条生长和潜伏芽的萌发抽枝，有更新复壮的作用。

缩剪多用于枝组和骨干枝的更新和控制树冠，控制辅养枝等，对于树势生长减弱，部分枝条开始下垂、树冠中下部出现光秃时采用；当树木体量过大影响了其他景观要素时也采用缩剪的方法减小树木的树冠体量；对于一些果树，结果多年后使结果部位外移，这种情况下也采用缩剪的方法，降低结果的部位；观花花木也会出现开花部位外移，也可以采用缩剪减小控制；一些树形和冠形不理想的花木，也可以通过缩剪来调整或重新培育新的树形。

缩剪时应该注意：中央领导干回缩时要选留剪口下的直立枝作

头，直立枝的方向与主干一致时，新的领导干姿态自然，切开方向应与切口下枝条伸展方向一致；主枝的延长枝头回缩时，如果截口下第一枝的直径小于剪口直径的 1/3 时，必须留一段保护桩，等截口下的第一枝长粗后再把保护桩去掉，以确保顶端优势。

3.1.4 摘心

在生长季摘去新梢生长点的方法称为摘心（图 3-16），又叫掐尖、打头。摘心能够使枝也生长健壮，能够促进分枝和促进花芽的形成。摘心的主要作用有：①增加枝量，扩大树冠。对新栽幼树或高接换头以后的树木，为了增加枝叶量，促进树冠尽快形成，对选定的骨干枝和中心领导干的延长枝，于 6 月下旬到 7 月上旬，在延长枝的新梢生长到 50 厘米左右时进行摘心，摘去先端幼嫩部分约10 厘米，摘到已完全发育的叶片处，可促进腋芽萌发。摘心后抽生的 2 次枝，可根据不同树种的具体情况，选择留用。当利用芽接苗建园，还可以用摘心的方法定干，即当品种苗的芽抽生的枝条达70～75 厘米时，摘去先端 10 厘米左右，促进 2 次枝萌发，对萌芽

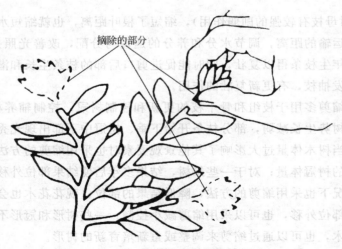

摘除的部分

图 3-16　摘心的操作

率高、成枝力强的品种，当年即可选出中心领导枝和第1层的三大主枝，形成树冠雏形。通过摘心，能够培养出目标树形。②促进花芽的分化。通过摘心，控制枝条的营养生长，改变营养物质运输的方向，使营养集中供应下部叶片，增加营养积累，有利于花芽的形成。在8月份摘心效果较为显著。③促进枝条木质化，提早形成叶芽。对于发育年限较短的树木，摘心可促进枝条的木质化，并促进下部叶腋部位叶芽的形成和萌发。

3.1.5 甩放

营养枝不剪而任其自然生长称为甩放或长放。甩放有利于缓和枝势，积累营养，有利于花芽形成和提早结果。甩放的枝叶量大，总生长量大，比短截枝加粗快。甩放保留的侧芽多，发枝也就多，但多为中短枝，抽生强旺枝少。所以，有选择地甩放，可以有效地控制旺长和促进结果部位形成花芽或向结果方向转化（图3-17）。

图3-17 甩放的操作

1——年生枝条；2—甩放当年生长；

3—生长季结束时；4—第二年甩放

幼树可以多甩放，成年树、壮年树不宜过多采用。甩放应以中庸枝为主，当强旺枝数量过多而且一次性全部疏除而致使修剪量过大时，也可以少量甩放，但要结合拿枝软化、压平、环刻、环剥等措施，控制枝势。甩放的长旺枝第二年生长仍然过旺时，可将甩放枝上萌发的旺枝和生长势强的分枝疏除，以便有效地控制生长保持甩放枝与骨干枝的从属关系，并促使甩放枝提早开花结果，使其起到辅养枝的作用。在骨干枝较弱而辅养枝相对强旺时，不宜对辅养枝进行甩放，否则会造成辅养枝加粗快，枝势可能超过骨干枝。可采取控制措施，或甩放后将其拉平，以削弱其生长势。另外，太弱的枝条、树冠中的直立枝、徒长枝、斜生枝均不宜甩放；在幼树整形期间，枝头附近的竞争枝、长枝、背上枝、背后旺枝均不宜甩放。生产上采用甩放措施的目的主要是延缓树木的生长势，促进成花结果。不同树种、不同品种、不同条件下甩放到开花的年限不同，应灵活掌握。另外，甩放开花后应根据不同情况，及时采取回缩更新，只放不缩不利于开花，也不利于通风透光。

3.1.6 刻伤

刻伤是用刀在花木的不同位置刻一刀或数刀，刻断韧皮部，深达木质部。根据刻伤的位置不同，可以分为目伤、纵伤和横伤等几种。

3.1.6.1 目伤

目伤是指在芽的上方或下方进行刻伤，伤口的形状像眼睛，故而称为目伤（图3-18、图3-19）。刻伤的深度达木质部为度。休眠季在芽或枝的上方刻伤，由于春季树液是从下向上运输，使养分和水分在伤口处受阻而集中于刻伤处下面的芽和枝，促进该芽萌发。在整形时利用刻芽的方法可以在希望生长枝条的位置上方目伤，促进芽萌发成为枝条，补充缺枝或在需要长枝的位置萌发枝条。当在芽或枝条的下部目伤，会减弱目伤上面的芽或枝条的生长势，有利

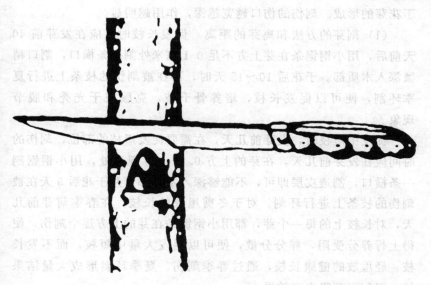

图 3-18　目伤的操作

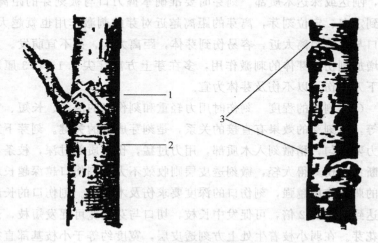

图 3-19　目伤的操作位置

1—枝上刻伤位置；2—枝下刻伤位置；3—芽上刻伤位置

于花芽的形成。刻伤的伤口越宽越深，作用越明显。

（1）刻芽的方法和离芽的距离　促发长枝时，应在发芽前40天前后，用小钢锯条在芽上方不足0.1厘米处割一条横口，割口稍微深入木质部。于花后10～15天时，再在被刻伤的枝条上进行夏季环割，便可以促发长枝，培养骨干枝，克服枝干光秃和脱节现象。

促发中短枝时，发芽前几天，在需要促发短枝的部位，刻伤的时间应在发芽前几天，在芽的上方0.1～0.3厘米处，用小钢锯割一条横口，割透皮层即可，不能够深入木质部；并于花后5天在被刻伤的枝条上进行环刻。对于冬剪甩放的长枝，在春季萌芽前几天，对长枝上的每一个芽，都用小钢锯条在芽的上方逐个刻伤，使得上行养分受阻，养分分散，便可以促发大量中短枝，而不发长枝。经甩放的健康长枝，通过春季刻伤、夏季环剥形成大量结果枝，翌年可获得丰产效果。

春季萌芽之前，在被刻伤芽上方0.5厘米处用刀或小手锯刻一道，刚达或深达木质部。刻芽时要准确掌握刀口与被刻芽的距离，做到定向、定位刻芽，离芽的距离越近对芽的刺激作用也就越大。刀口与芽体距离太近，容易伤到芽体，距离太远，芽不宜萌发。为了增加刻伤对芽体的刺激作用，多在芽上方离芽尖0.1～0.3厘米处下刀刻伤，以不伤及芽体为宜。

（2）刻伤的程度　刻伤时用力轻重和刻伤口的深浅、长短、宽窄等，与刻芽的效果有直接的关系，是刻芽成败的关键。刻芽下刀用力要均匀，稍微刻入木质部，用力过猛，伤木质部过深，枝条易折断；刻伤刻得太轻，微刻透皮层则收效不大。刻伤口越深越长对芽的刺激作用越强，刻伤口的深度要求伤及木质部。刻伤口的长度要达到芽宽的2倍，可促发中长枝，切口与芽同宽可促发短枝，形成花芽。在弱小枝着生处上方刻透皮层，宽度约等于小枝基部直径的2倍，可使小枝变强。

（3）刻芽的位置和数量　刻芽要因树、因枝制宜，间隔多刻，多刻两侧芽，少刻背下芽，不刻背上芽。为了促进树木芽的萌发，春季在芽萌动前，在芽的上方刻伤，向上输送的养分和水分被阻挡在伤口下方的芽上，促使其萌发生长，潜伏芽也可能被刺激萌发。对于平斜枝，在芽的上方刻伤，更容易使幼树增加枝量，促进成花；萌芽前，在芽的下方刻伤，则能够抑制芽的生长，使其转弱。萌芽后、生长季节，在芽的下方刻伤，下行的营养物质被阻挡在伤口上方的芽上，促使其生长；在芽的上方刻伤，则能够抑制芽的生长。早春树木发芽前，刻背上芽易抽枝，刻两侧芽易抽生叶丛枝成花。冬季在短枝上方刻伤，以阻止下部养分向上输送，使养分积累在短枝处；夏季则在短枝的下方刻伤，以阻止上部的养分向下运输，使养分积累在短枝处，促进花芽的形成。

刻芽的数目要根据品种特性、树势强弱、枝条的长势、枝条着生的位置以及刻芽的目的，决定刻芽的数目。一般来说，普通品种多于短枝型品种，萌芽率低的品种多于萌芽率高的品种。树势强的树可多刻芽，树势中庸的树要少刻芽。粗壮长枝上的芽可以多刻，细弱的长枝上则不要刻芽；骨干枝上少刻芽，辅养枝上刻芽可以多些，但也不宜每个芽都刻，以避免造成树形紊乱。具体运用时，应根据树体的生理特点、立地条件及物候期灵活运用。若需要抽放长枝，应遵循"早、深、近、长"的原则，在萌芽前1个多月及早刻芽，刻处要离芽近，0.1～0.2厘米，刻伤长度不小于刻处枝条周长的一半，且深度达木质部；若需抽生短小枝，则应遵守"晚、远、短、浅"的原则，在萌芽前几天刻芽，距离0.3厘米以上，长度在刻处枝条周长的1/3以下，且只刻伤皮层；在强旺枝上刻芽只刻春梢芽，秋梢芽不刻，同时刻芽的数量不超过枝条总芽量的2/3。

（4）刻芽的时期　春季适时、定向、定位刻芽。刻芽的时间以惊蛰至春分期间为好。通过刻芽促发中枝、短枝的刻芽，刻芽在清明前后刻芽。过早刻芽，被刻芽易受冻；过晚刻芽，刻芽萌发后停止生长早，枝条上叶片少，叶面积小。刻芽日期的选择要注意天气状况，避开寒流侵袭。

3.1.6.2 纵伤

在树干或树枝上用刀纵向切割，划开树皮，深达木质部的措施叫纵伤。作用是减弱了树皮的机械束缚力，促使树干或枝条长粗。这项措施在为了使树干增粗时使用，采用密植法培育的树木，主干较高但较细，粗度小，培育的时候就可以采用纵伤的方法以达到增粗树干的目的，另外，在盆景制作中常采用这项措施来使树干基部增粗变老。

3.1.6.3 横伤

对树干或粗大主枝横砍数刀，深达木质部。其作用是阻止有机物向下运输，有利于花芽的分化，促进开花结实。核桃树的结果期常采用这项措施，一方面是引流多余的水分，另一方面就是阻止养分下流，提高花果的营养，有利于开花结果，并提高果实的品质。

3.1.7 环割、环剥、倒贴皮

3.1.7.1 环割

在树干或主枝、侧枝基部用利刀在某一部位横向环割一周，深达木质部，称为环割（图3-20）。在同一个部位可连割3～4圈，圈与圈之间的距离为0.5厘米。绞缢或束缢（图3-21）的作用与环割的作用相近。

环剥和束缢都能够使主干或侧枝的韧皮部或木质部受到一定的损伤，在伤口愈合之前，对养分和水分的运输有一定的影响。主要表现为，水分以及土壤养分的向上运输受到的影响较小，能够正常向上输送，而光合作用制造的有机化合物的向下运输受到的阻碍较大，致使碳水化合物在受伤部位上方积累。所以，环割和束缢能够控制营养生长，促进花芽的分化，提高成花率和坐果率，刺激伤口以下的芽体萌发，增加分枝数。

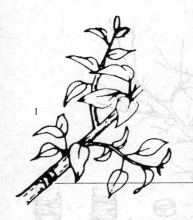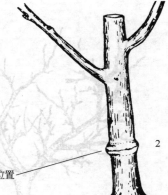

1 ────────────── 环割的位置 ────────────── 2

图 3-20 环割的操作

1—侧枝的环割；2—主枝的环割

图 3-21 束缢的操作

3.1.7.2 环剥

在生长旺盛的枝条基部或主干基部将切皮部剥掉一圈，切断皮层但不伤木质部，剥下的皮层为环状，故称环剥（图 3-22、图 3-23）。

树木整形修剪技术图解

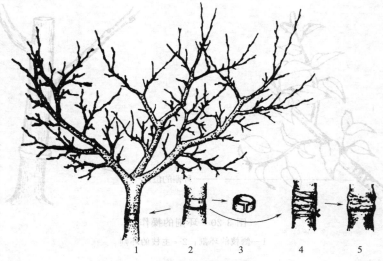

图 3-22　主干环剥的操作

1—主干环剥位置；2—环剥后的主干；3—环剥掉的皮层；

4—主干环剥位置包扎；5—环剥位置生长恢复后的情况

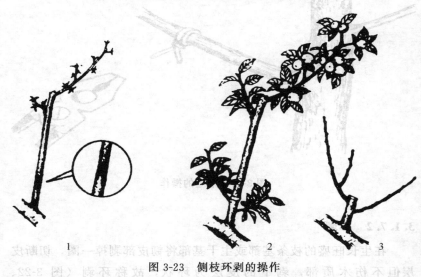

图 3-23　侧枝环剥的操作

1—侧枝环剥位置；2—侧枝环剥后促进开花结果；3—环剥位置以上枝条剪除

110

环剥是在枝干的横切部位，用刀或环剥刀割断韧皮部两圈，两圈相距一般为枝干直径的1/10。把割断的皮层取下来，露出木质部。环剥能很快减缓植物枝条或整株植物的生长势，生长势缓和变中庸后，能很快开花结果，在盆栽观果和植物造型上应用较多。

　　环剥的作用与环割、束缢类似，同样是阻断韧皮部的疏导系统，中断了光合作用制造的有机物向下运输的通道，增加了环剥部位以上碳水化合物的积累，改变了碳氮比，促进花芽的形成，有利于成花。

　　环剥对树体的刺激作用比环刻大得多，要合理掌握环剥的宽度和环剥的时期，以免造成一些不良影响，如坐果过多，果实变小，树体长势减弱，甚至导致环剥枝条的死亡或整株死亡。所以，环剥时应该注意以下几个方面。

　　(1) 在临时性非骨干枝上环剥　环剥是在生长季应用的临时性措施，开花结果后，在冬季修剪的时候，就要把环剥部位以上的枝条剪去，所以环剥一般不在主干、中干、主枝等骨干枝上面进行操作，应选择临时性的非骨干枝进行操作。

　　(2) 伤流过旺和易流胶的树木不宜采用环剥　像元宝枫、无花果、榕树、橡皮树、核桃树等伤流较多，桃树、李树、梅花、松树等容易流胶的树种，这些树种环剥会形成大量的伤流或流胶，伤口不易恢复，对树体伤害较大，甚至导致树木死亡，因而不能够进行环剥。

　　(3) 环剥应在营养生长旺盛的时期进行　环剥主要是减缓树体或枝条的营养生长，促进成花，所以要在营养生长旺盛期进行操作，效果才能够明显，伤口恢复也较快，在营养生长缓慢的时期或季节进行环剥，效果不好，对树体的伤害较大，伤口恢复慢，甚至伤口不能够恢复，使环剥口以上的枝条死亡。根据实验，对5~6年生的苹果树，在花后10天进行主干环剥，可明显地抑制营养生长，提高坐果率，但如应用不当，如环剥口过宽、过深或剥后遇到雨水，效果都不好。坐果也不好，环剥的时间不适当，还可能造成树体死亡。因此，环剥要在春季新梢叶片大量形成后，最需要同化养分的时候，如花芽分化期、落花落果期、果实膨大期进行操作。

（4）环剥要适度　环剥的宽度要适合，不宜过宽，也不宜过窄，要根据枝条的粗细和树种的愈伤能力而定。宽度一般不超过环剥部位枝条粗度的 1/10 为宜，而且要能够在当年愈合。对于周长不超过 10 厘米的幼树，因为积累的营养物质较少，不宜采用环剥，剥后成花效果不明显，即使成花也不易坐果。愈合能力强的树种，环剥宽度可以宽一些，而愈合能力不强的树种，环剥口的宽度应该窄一些，过宽不利于愈合，过窄达不到环剥的作用和目的。总之，要求环剥口要在环剥的当年愈合。环剥的深度同样不宜过深或过浅，过深伤及木质部，会部分或者全部阻断水分和土壤养分的向上运输，会导致环剥枝的死亡或折断，过浅达不到目的，造成劳动力的浪费。所以，环剥的深度以切断皮层为宜。

（5）环剥后要加强管理　环剥后及时用塑料膜包扎伤口，避免失水过多，同时还要加强水肥管理，环剥后及时施肥和灌水，确保环剥后的树木能够吸收充足的肥料和水分。如果水分和养分供应不足，树体长势弱，积累的营养物质少，那么环剥后虽然能够提高当年的坐果率，但会削弱以后数年的生长势，或出现大小年，严重的时候还会造成树体死亡。

环剥技术的使用要严格控制好宽度和进行环剥的时间。太宽植物不能愈合接通韧皮部，养分供应不上和运输不下来造成根系饥饿而死亡；剥得太窄，起不到削弱枝条生长势的作用，上、下很快沟通，抑制作用就没有了。环剥的时间以植物生长最快时进行，也即 6～7 月最好。环剥对树种要严格，有些流胶流脂愈合困难的植物不能使用环剥。要先做试验，然后使用。环剥后包上塑料布以防病菌感染。

3.1.7.3　倒贴皮

倒贴皮就是在枝干的适当位置，采用环剥的方式将树皮整齐地剥下一段，然后将剥下的树皮倒转过来再贴到原来的部位，即把剥下的树皮的上下方向调转，这种操作称为倒贴皮（图3-24）。倒贴皮与环割、束缢和环剥的作用相近，能够抑制幼龄旺树的营养生长，削弱操作枝条的生长势，有利于成花坐果。倒贴皮由于把环剥下来的树皮再贴上，对树体和枝条的伤害比环剥要小，由于贴上的树皮的方向调转，贴皮后愈合速度快，但对倒贴皮部位以上的树体和枝条的生长势具有较大的抑制作用，其作用比环割大一些。倒贴皮操作的时候要求速度要快，而且不要伤及木质部，只需把皮层割断剥下，然后迅速贴上，并用塑料膜包扎起来。操作时不要在阴天和大风天气进行，避免加大对树体的伤害。

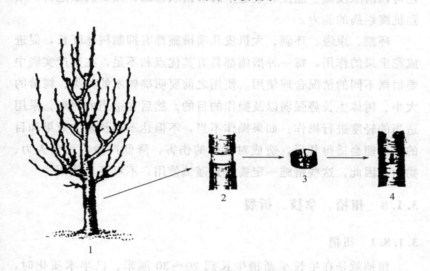

图 3-24 倒贴皮的操作

1—主干剥皮位置；2—剥皮后的主干；3—剥下皮层正向；

4—剥下皮层反向贴合

此外，还有大扒皮，同样是能够抑制树体旺长，促进成花的一项技术措施。大扒皮就是在主干或主枝的合适位置将树皮切剥掉一块，不将树皮周围全部剥通，而保留部分联通。大扒皮的宽度一般不超过树干周长的 1/3，长度根据树体的大小和愈合能力的强弱而定，树体较大、愈合能力强者，扒下的皮块大一些，反之小一些。扒皮的时间一般在 6～7 月份，在晴天进行操作，如果扒皮损伤了形成层或剥后遇到风、雨，都有可能导致树体死亡。扒皮作用与环割、束缢、环剥和倒贴皮也相近，但扒皮后如果不破坏形成层，可重新形成新树皮，剥口愈合良好，不像环剥那样会形成愈伤组织显著膨大的现象。大扒皮除了有抑制旺长、促进成花的效果外，还可以通过扒皮，结合树体病虫害的繁殖工作，扒皮的位置选择在有病虫害为好的部位，既可以起到扒皮抑制旺长成花促果的作用，同时还可以清除浅藏于翘皮和裂缝中的病菌或害虫，减少病虫危害，增强抗腐烂病的能力。

环割、束缢、环剥、大扒皮几项措施都有抑制树体旺长，促进成花坐果的作用，每一种措施都具有其优点和不足，在生产实践中要根据不同的情况合理使用。使用之前要明确树木的种类、树龄的大小、树体生长势强弱以及操作的目的，然后在适当的时期，采用适当的轻度进行操作。如果操作不当，不但达不到预期的效果和目的，可能会适得其反，造成对树体的伤害，降低产量，浪费人力、物力，因此，这些措施一定要做到谨慎使用，不可盲目使用。

3.1.8 扭梢、拿枝、折裂

3.1.8.1 扭梢

扭梢就是在生长季新梢生长到 20～30 厘米、已半木质化时，将旺梢向下扭转 180°，即将枝条先端或基部扭转的技术，这种修剪方法称为扭梢（图 3-25）。

扭梢一般在 5 月下旬至 6 月上旬，新梢尚未木质化，将背上直立新梢、各级延长枝的竞争枝、向里生长的临时枝，在基部 5 厘米处，轻轻扭转 180°，使木质部和韧皮部都受到轻微损伤，但不折断。扭梢后的枝条，生长势大为缓和，至秋季不但可以愈合，而且

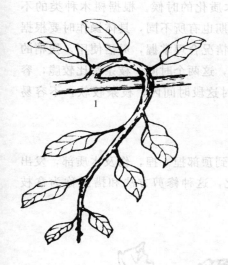
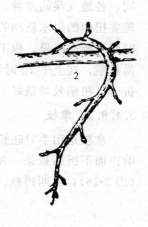

图 3-25　扭梢的操作
1—扭梢的操作方法；2—扭梢后形成短枝

还能够形成花芽，即使当年不能够形成花芽，翌年一般也能够形成花芽。如果扭梢后的枝条生长势仍然很旺时，说明扭动太轻，可将扭下的部分再扭动一下，使扭动部位再度遭受轻微损伤，便可缓和生长势。

扭梢的效果很明显，与疏剪相比，既节约养分，又能够提早结果，但扭梢的数量不宜过多，以不超过背上枝总数的 1/10 为宜，各级骨干枝的延长枝不能扭梢，其他所扭新梢，应该有适当的间隔，还应使其向两侧分开，以保持各级枝条的良好的从属关系。对竞争枝扭梢时，应使被扭新梢向斜下方伸展，不要使先端伸向树冠内部，以免扰乱树形和影响通风透光。

扭梢的时期应该把握好，扭梢过早，新梢尚未木质化，组织柔嫩，容易折裂或折断，叶片较少，成花困难；扭梢过晚，枝条已木质化，脆而硬，扭曲较困难，用力过大又容易折断，或造成死枝，所以扭梢的时期最好在新梢半木质化的时候。根据树木种类的不同，各地气候的差异，扭梢的时期也有所不同，具体操作时要根据需要扭梢的树木新梢的生长发育情况合理掌握，灵活使用。扭梢的时间不要在早晨，也不要在晚上，这两个时间，枝条都比较脆，容易折断，在上午 10 时至下午 4 时这段时间内，枝条较软，不容易折断，扭梢效果最好。

3.1.8.2　拿枝

拿枝是用手对旺长枝自基部到顶部捏一捏，伤及木质部，发出响声而不折断枝条，使枝条软化，这种修剪方法和措施称为拿枝（图 3-26），也叫捋枝。

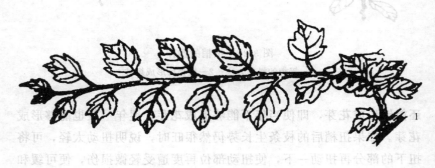

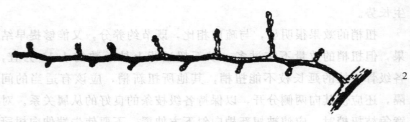

图 3-26　拿枝的操作
1—拿枝的操作方法；2—拿枝后形成短枝

拿枝就是通常的"伤骨不伤皮"，可以软化枝条，控制一年生直立枝、竞争枝和其他旺长枝的有效措施，因为拿枝可以影响养分的运输，从而使枝条的生长势缓和，促进中短枝的形成，有利于花芽的分化。拿枝的操作方法是在 7 月间，枝条开始木质化的时候，从枝条的基部开始，用手揉捏弯折枝条，以听到轻微的"啪啪"声为准，这是维管束断裂的声音，做到"伤筋不断骨"，以不折断新梢为度，由基部到先端慢慢弯折。如果枝条长势过旺、过强，可连续拿枝数次，直到把枝条捋成水平或下垂状态，而且不再复原。经过拿枝的枝条，削弱了顶端优势，改变了枝条延伸方向，缓和了营养生长，有利于成花结果。

3.1.8.3 折枝

在枝条合适的位置将枝条折断或折裂的操作方法称为折枝（图3-27），根据折枝的位置可以分为枝梢折裂和枝条基部折裂（图3-28）。折枝的操作方法是先用刀或手锯在需要折裂位置，折裂方向的对面切入，深度达到枝条直径的 1/2～2/3 处，然后小心将枝条弯折，并利用木质部折裂处的斜面互相顶住。为了防止折口水分

图 3-27 折枝的操作方法
1—用刀切出折口；2—反向折断枝条

1   2

图 3-28　折枝的类型
1—枝梢折断；2—枝条基部折断

散失过多，可将折裂伤口用塑料膜进行包扎。折枝能够改变枝条的生长方向，使之形成各种不同方向的生长，形成各种造型，通常用于盆景的造型使用。折枝也能够缓和枝条的生长势，使枝条生长粗壮，同样有利于成花结果。折枝的时间通常在早春芽开始萌动时进行操作，到生长季结束时，折裂口就能够愈合。

　　扭梢、拿枝、折裂等措施的作用都是能够缓和削弱枝条的营养生长，促进短枝的抽生，有利于成花结果，所以都是用于各种类型的营养枝的操作，不用于形成树形的永久性枝条。

3.1.9　改变枝条生长方向和角度的整形修剪方法

　　改变枝条的生长方向和角度，用以调节树木的顶端优势为目的的修剪整形措施，可以调整和改变树冠结构。主要的方法有圈枝、屈枝、拉枝、吊枝、撑枝、蟠扎等。

3.1.9.1 圈枝、别枝

圈枝是把一个长枝圈起来或者把两个枝条相互圈起来（图3-29），一个枝条圈起来称为单圈枝，两个枝条相互圈起来称为双圈枝。别枝与圈枝相似，也是将枝条弯曲，只不过没有圈成一圈，而是将枝条的上端别到其他枝条下（图3-30）。

图 3-29 圈枝的类型

1—单圈枝；2—双圈枝

别枝和圈枝可以改变枝条的角度、生长方向及姿势，从而转移和改变枝条的顶端优势，抑制枝条的旺长，促进基部芽的萌发，增加中短枝数量，使枝梢分布均匀，防止基部光秃，有利于养分的积累和花芽分化。圈枝的操作方法是，当新梢生长到一定长度，枝条基部尚未木质化时，用手握枝条使其软化，方法与拿枝相似，即伤骨不伤皮，然后扭转方向，别枝或圈枝。

圈枝常用于非永久枝和非骨干枝的处理，可以削弱枝条的生长势，促进成花结果。圈枝数量不宜太多，更不能重叠，否则容易造

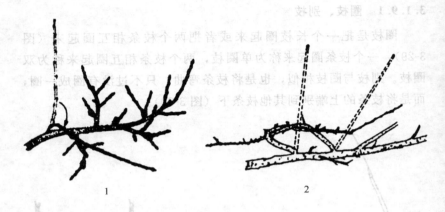

1   2

图 3-30 别枝与圈枝

1—别枝；2—圈枝

成树形紊乱，甚至导致树冠郁蔽，影响产量及效益。别枝常用于徒长枝、直立枝的改造，促进别起来的枝条下部生长出长枝，中上部生长出短枝，早成花早结果。但别枝的数量也不要太多，并且在夏季要及时放开或回缩。

3.1.9.2 屈枝

在生长季将枝条或新梢实施屈曲、绑扎或扶立等诱引枝条的技术措施。诱引枝条的方向有直立向上诱引、水平诱引和向下诱引，屈枝对树木的组织一般没有损伤，但对屈枝的枝条的生长势有调节的作用。直立诱引（图 3-31）可增强树木的生长势，顶端优势较强，有利于主干的生长，形成通直强健的主干；水平诱引（图 3-32）对枝条有中等程度的抑制作用，使枝条组织充实，易形成花芽，作用与拿枝相似，对枝条的抑制作用比拿枝小；向下屈曲诱引，对枝条有较强的抑制作用，其作用与扭梢相似，但不像扭梢那样损害枝条的木质部。

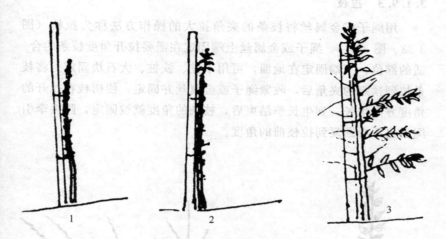

图 3-31　屈枝（直立诱引）

1—发枝前直立诱引；2—发枝后；3—生长季结束时的生长状况

图 3-32　屈枝（水平诱引）

3.1.9.3 拉枝

用绳子或金属丝将枝条的夹角拉大的操作方法称为拉枝（图
3-33、图 3-34）。绳子或金属丝上端固定在需要拉开角度枝条的合
适的部位，下端固定在地面，可用木桩、铁桩、大石块固定。将枝
条拉到预定的夹角后，收紧绳子或金属丝并固定，使树枝在拉开的
角度方向生长，到生长季结束后，枝条的角度就被固定，除去牵引
绳后也不会回复到拉枝前的角度。

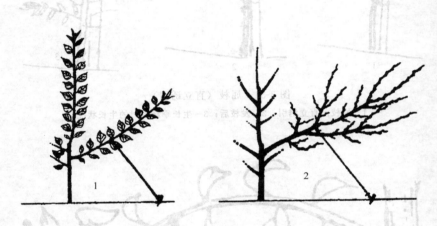

图 3-33　拉枝的操作
1—春季拉枝；2—生长季结束时的枝条情况

拉枝的绳子可用棕绳、麻绳、尼龙绳等，也可以将破旧的衣裤
撕剪成一定宽度的布条，如用金属丝，在枝条的拉枝的位置容易损
伤树皮，所以要用木块、麻袋片的材料先将拉枝部位保护起来后再
系上拉枝的金属丝。

3.1.9.4 吊枝

吊枝（图 3-35）是用重物将枝条往下垂吊的修剪整形方法。
吊枝也是使树木枝条角度张开的一项措施，下垂的重物根据树枝的

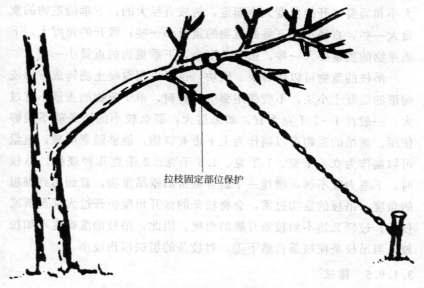

拉枝固定部位保护

图 3-34　金属丝拉枝的操作

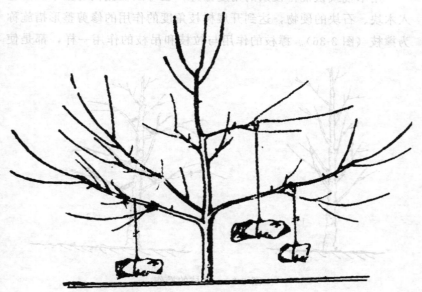

图 3-35　吊枝的操作

大小和需要张开的角度大小而定，树枝直径大的，下垂的重物的重量大一些，直径小，下垂的重物的重量小一些；张开的角度大，下垂重物的重量要大一些，张开角度小，下垂重物的重量小一些。

吊枝的重物可以用石块、铁块，也可以用混凝土浇铸成方形或圆形的混凝土小块，不管使用哪一种材料，单个重物的重量不宜过大，一般在1~2千克为宜，如果过大，那么较小的枝条就不能够使用。垂吊的重物可以制作为上下带有铁钩，能够随意增减，重量可以制作为0.5千克、1千克、1.5千克、2千克几种规格，吊枝时，下垂力度不够，增挂一个适合重量的垂吊重物，直到达到理想的角度。吊枝的重物过重，会将枝条的张开角度拉开过大甚至折断枝条；过轻又达不到枝条开展的角度，因此，吊枝的准确度不如拉枝。但吊枝是使枝条自然下垂，对枝条的组织损伤较小。

3.1.9.5 撑枝

用木棍或铁棍将枝条的角度撑开，也可以在侧枝与主干之间塞入木块、石块的硬物，达到开展树枝角度的作用的修剪整形措施称为撑枝（图3-36）。撑枝的作用与拉枝和吊枝的作用一样，都是使

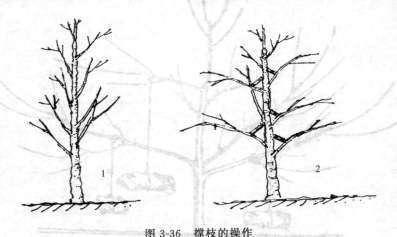

图3-36　撑枝的操作

1—撑枝前的枝条开展角度；2—撑枝后枝条开展角度

树枝角度开张的技术措施。撑枝的时候，由于侧枝的回复弹性，撑枝的物体在枝条之间固定时会出现滑动，一方面会影响枝条张开的角度，另一方面，撑枝物体的滑动还会将树皮擦破，使树木受伤。为了避免撑枝物体的滑动，可以采取一些措施，将撑枝物体固定，如用石块或木块将枝条撑开，当撑开的角度合适的时候，可以用绳索将支撑物固定在主干上；如果是使用木棍撑开枝条，可将支撑在主干处和侧枝处固定，固定的方法很多，常用的方法有：用绳子将两个支撑点绑扎固定；用铁钉将支撑点钉牢；在支撑点处用刀把枝条各切开一个口，用于固定支撑物。

3.1.9.6　蟠扎

用金属丝或棕丝将树木枝条绑扎起来起到改变主干或枝条的生长方向，对树木进行造型的措施称为蟠扎。

金属丝蟠扎（图3-37）材料容易得到，操作简便易行，造型效果快，能够一次定型，但金属丝蟠扎时容易损伤树皮。蟠扎常用的金属丝有铁丝、铜丝、铝丝等，铜丝和铝丝柔软易缠绕，蟠扎方便，但价格较高，一般很少采用；铁丝价格低廉，但硬度大，蟠扎操作困难，使用铁丝时可将铁丝退火，降低铁丝的硬度，退火就是将铁丝放在火上烧至通红取出，自然冷却后，硬度就会大大降低，并且铁丝的金属光泽也会褪去，显得自然。根据蟠扎主干或枝条的粗细选择适度粗细的金属丝，铁丝一般以8～14号为宜，过细达不到造型的要求，过粗蟠扎困难而且浪费，铁丝的长度一般为蟠扎主干或枝条的1.5倍。金属丝蟠扎前要用麻袋片或尼龙带将蟠扎的位置缠绕包裹，以免金属丝勒伤或磨破树皮。

棕丝蟠扎（图3-38）不伤害树皮，拆除方便，但操作比较复杂，费时间，造型效果慢。棕丝蟠扎是川派、杨派、徽派等传统盆景流派的造型技艺，一般先把棕丝加工成为不同粗细的棕绳，将棕绳的中段系在要弯曲的枝干的下端，或打一个套结，将两头相互绞

图 3-37　金属丝蟠扎的操作

几下，放在需要弯曲的枝干顶端，打一个活结，再将枝干弯曲至所需的弯度和弧度，再收紧棕绳打成死结，即完成一个弯曲。棕丝蟠扎的关键在于掌握好着力点，要根据造型的需要选择好下棕与打结的位置，如没有理想的蟠扎位置，可采用助弯器进行蟠扎（图3-39）。如作弯位置的枝干较粗，不易弯曲，可以采用锯口、刀切和穿刺的方法帮助造型。通过蟠扎可以培育成为各种不同造型的树形和盆景（图3-40）。

圈枝、屈枝、拉枝、撑枝、吊枝、蟠扎等修剪整形的方法都是

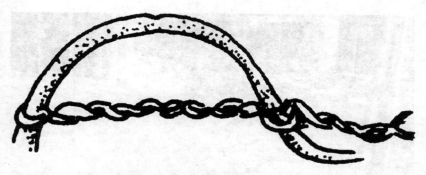

图 3-38 棕丝蟠扎的操作

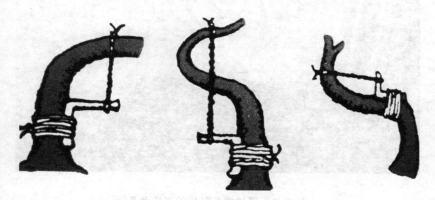

图 3-39 棕丝助弯器蟠扎的操作

能够改变枝干的生长方向，调整树体结构的方法。圈枝通过改变枝条的生长方向，延缓枝条的生长势，促进成花。屈枝、拉枝、撑枝和吊枝都是改变主枝的开展角度，加大主枝的开张角度，可以抑制直立枝条的顶端优势，有利于中、下部位芽的萌发，可以防止基部光秃。枝条的角度开张之后，碳水化合物的含量有所增加，营养生长减缓，促进花芽形成的效果明显。直立枝条拉平以后，可以扩大树冠，改善通风透光条件，充分利用空间和光、热资源，利于成花结果。改变枝条的开张角度和延伸方向，还可以调节光合作用产物

图 3-40　通过蟠扎制作的书法盆景

的分配状况，促进成花结果，调节枝条内源激素的平衡，调节结果枝和营养枝的适当比例。角度开张的大小，应根据树种、品种的不同而各异，还应该根据不同的栽培目的而定。蟠扎多用于造型树和盆景的制作，是盆景制作中一项使用较为广泛的技艺，通过蟠扎，可以按照创作意图，调整枝干的形状和生长方向，培养成为造型千姿百态的盆景造型。

　　另外，在盆景制作中还采用劈枝的技法，劈枝就是将枝干从中央纵向劈开分为两半。这种方法常用于植物造型造态等。在劈开的缝隙中可放入石子，或穿过其他种类的植物，使其生长在一起，制造奇特树姿。劈枝时间没有具体限制，一般都在生长季节进行。具体树种要先做劈枝试验，然后进行。

3.1.10　化学修剪

化学修剪就是使用生长促进剂或生长抑制剂、延缓剂对植物的生长与发育进行调控的方法。促进植物生长时可用生长促进剂，即生长素类，如吲哚丁酸（IBA）、萘乙酸（NAA）、2,4-二氯苯氧乙酸（2,4-D）、赤霉素（GA）、细胞分裂素（BA）。抑制植物生长时可用生长抑制剂，如比久（B9）、短壮素（CCC）、控长灵（PP333）。

化学修剪一般是抑制植物生长的多，抑制剂施用后，可使植物生长势减缓，节间变短，叶色浓绿，促进花芽分化，增强植物抗性，有利于开花结果提高产量和品质，能经济合理地使用肥料。生长抑制剂使用浓度与方法见表 3-1。

表 3-1　生长抑制剂使用浓度与方法

药物名称	施用浓度/（毫克/千克）	使用方法	使用时期
比久（B9）	2000～3000	叶面喷雾	生长季 1～3 次
矮壮素（CCC）	200～1000	叶面喷雾	生长季 1～2 次
整形素（EMD-IT3233）	10～100	叶面喷雾	生长季 1～2 次
控长灵（PP333）	5000～8000	土壤浇灌	生长季 1 次

3.2　常见树形的整形修剪方法

3.2.1　主干疏层形的整形方法

3.2.1.1　树形结构

主干疏层形（图 3-41）一般树高 3.5～4.5 米，分为 3～4 层，

树木整形修剪技术图解

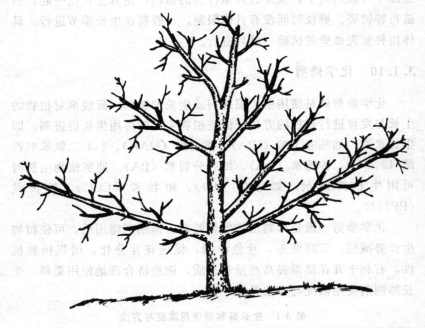

图 3-41　主干疏层形树形

主枝数6~9个，第一层3~4个，离地面50~100厘米，各主枝间距40~50厘米，各主枝配2~3个侧枝；第二层2~3个，与第一层间隔70~80厘米，层间各主枝间隔30~40厘米，各主枝留1~2个侧枝；第三层1~2个，与第二层间隔50~60厘米，不留侧枝。各层主枝于中心干之间的夹角，也就是主枝的开展角度第一层为60°~70°、第二层50°~60°、第三层40°左右。

3.2.1.2　整形技术

　　主干疏层形树形的整形过程需要在4~5年的时间完成，下面详细介绍该种树形的整形修剪的方法和过程。

　　（1）第一年整形修剪

　　① 定干、刻芽　幼树定植后，定干60~70厘米高（图3-42），

130

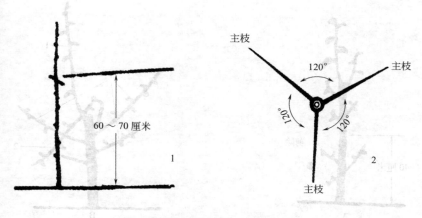

图 3-42 定干高度及三主枝方位角

1—定干高度；2—三主枝方位角

以上部分剪去。萌芽期，在剪口以下 40 厘米范围内，剪口下方第二芽以下选择着生错落的 3 个芽，彼此间的方位角为 120°，在选定的 3 个芽上面进行目伤，促进抽枝。

② 春季整形　枝条萌发后，注意第一层主枝在主干上的着生位置上下不小于 20 厘米。第一层主枝确定后，保留中央领导主干延长枝的顶芽及一个副梢，将其他枝条疏除，芽除掉，并对副梢进行扭梢处理，这段时期处于春季，故称春季整形（图 3-43）。

③ 夏秋季整形　主要是 5 月份至冬季期间的修剪整形，故称夏秋季整形（图 3-44）。5～6 月份当新梢开始木质化时，用木棍或竹棍将预留培养为 3 个主枝的枝条与主干的夹角撑大至 50°～60°，其他萌发的新梢进行扭梢或捋枝，使其角度大于 70°。8 月中旬至 9 月中旬，对培养 3 个主枝的新梢的角度继续扩张或用捋枝的方法使其角度在 60°～70°之间，其他萌发的临时辅养枝新梢捋枝至水平角度。9 月底，对未封顶的枝条进行摘心或剪梢。冬季修剪时，对中心干延长枝进行截头，保留 80～90 厘米，第一层 3 个主枝留 40～50 厘米进行短截，其他临时辅养枝长放不剪。

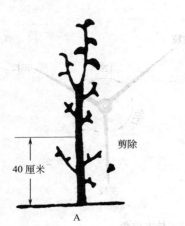
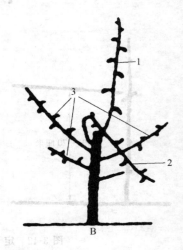

剪除

40厘米

A

1

3

2

B

图 3-43　第一年春季整形

A：主干 40 厘米以下的枝条全部疏除、芽全部抹掉，

B：1—中央领导干延长枝；2—副梢扭梢；3—第一层主枝

以上部分全部剪除。随着果苗的生长，陆续在距地面 40 厘米以下方向，分别抹去萌发芽和枝梢的 3 个。将距地面的方位角为 120°，方位角的 3 个芽以上部分进行短截，其连抽枝。

（二）夏季修剪　按其事项后，在原第一层主枝出土在 40 厘米的着生位置上，下不小于 20 厘米，第一层主枝均匀分布，将中央领导干主延长枝选留成一个圆的，各生向斜上抽顶，并向圆锥状的方位角发展，果然春枝、梢梢多整齐（图 3-43）。

（三）夏秋季修剪　主要是 5 月份发芽前对成枝结果枝等的短截修剪，在每年的 5～6 月份当年的中央领导干保持修剪等作用，将副梢对于主枝的枝点均匀分布点留在 50～60°，其低角度顺着引相和梢枝，促使角度大于对于树型的当年枝至 9 月，为下年对整进行 2～3 个主芽的顶端枝，并进行的枝条梢枝，其低度增加调整。调整随后的方位角修剪及顶进主枝至水平相互，9 月底，将未到顶的枝至行调整心向更新，冬季修剪对当心下干长短进，缠绕心顶留、甚至将最后一段 3 个本枝围于一端，并使其长枝延伸至水平。

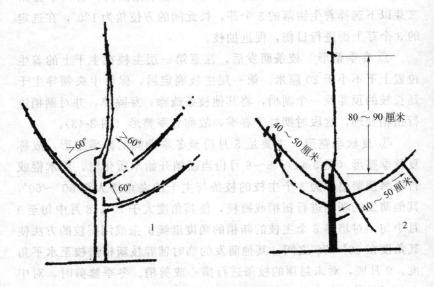

>60°

<60°

60°

1

80～90厘米

40～50厘米

40～50厘米

2

图 3-44　第一年夏秋季整形

1—撑开 3 主枝的角度；2—对中心主干和第一层 3 主枝进行短截，其他枝条扭梢

（2）第二年整形修剪

① 春季整形　春季萌动时，中心干延长枝剪留80～90厘米，保留剪口下的第一芽，培养成第三层中心干。在剪口以下5～25厘米的范围内，选留2～3个芽，进行目伤，培养第二层主枝，所选芽方位角相近，2芽为180°，3芽为120°，并且不能与第一层主枝重叠，也就是要与第一层的主枝交叉。第一层主枝剪留40～50厘米，在其上选择2～3个两侧或侧下方未萌动的芽进行目伤，同时在层内辅养枝也选择2～3个侧芽进行目伤。春季开始萌动后，对第一层主枝长度达到拉枝要求的进行拉枝，将其与中心干的夹角固定成为60°～70°之间（图3-45）。

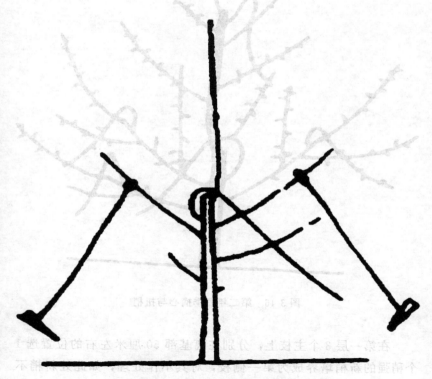

图3-45　第二年春季拉枝整形

② 夏季整形　5～6 月份，在中心干上，对培养层间辅养枝的侧生新梢初步捋枝至 70°左右，层间的其他侧生新梢扭梢或连续 3～4 次摘心与剪梢（图 3-46），留枝 10 厘米左右，到 8 月上旬停止摘心或剪梢。

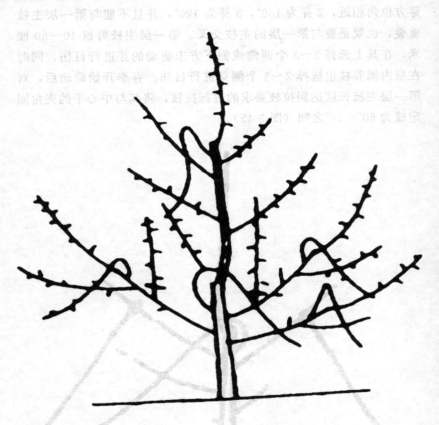

图 3-46　第二年夏季摘心与扭梢

在第一层 3 个主枝上，分别在离基部 50 厘米左右的位置选 1 个稍强的新梢培养成为第一侧枝，对其不作处理，如此处新梢不强，可在其前部进行目伤，促进其转强。第一层主枝于侧枝和层内临时辅养枝背上和侧上方的新梢，采取扭梢或连续摘心剪梢，留3～5个芽，到8月上旬停止摘心和剪梢，两侧和侧下方的新梢初步拂枝至70°左右。8月中旬至9月中旬，对第一层各主枝和侧枝的延长新梢分别拂枝至60°～70°和70°～80°，其他的当年新梢，一律拂枝至近水平。对选留的两层主枝进行拉枝，与主干的夹角为50°～60°，主枝上选留的侧枝与主枝的夹角也调整至50°左右（图3-47）。

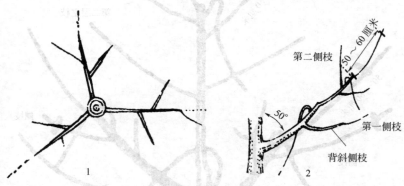

图 3-47　第二年夏季主枝和侧枝的角度
1—俯瞰图；2—侧向图

　　③ 秋冬季节修剪　　10月初，对未封顶的新梢进行摘心和剪梢。冬剪时，对中心干延长枝留65厘米进行短截，第一层3个主枝延长枝留55厘米短截，其他枝条都采用长放不剪（图3-48）。

　　（3）第三年整形修剪　　萌芽期，在中心干延长枝上，对其剪口下10厘米左右和35厘米左右，避开南面，选方位在第一层3个主枝空间的2个芽目伤，促使中心干延长顶部长出一个直立的新梢，继续培养中心干延长枝，长出2个稍强的侧生枝新梢，培养第四和第五主枝；在第四主枝之下，对所有1年生发育枝两侧和侧下方选2～3个未萌动的芽进行目伤。

　　5～6月，在中心干延长枝上，对培养第四和第五主枝的延长碗的枝条往上和向下方的新梢，将原则留放在枝条心部位，留3~5个芽，其余8月上旬留心部梢，而侧和向下方的新梢和延长枝要求70°左右，8月中旬留5月中旬，处理；最后主枝和侧枝剪口枝延长枝为60°~70°和70°~80°，其他的延长枝，一留树枝至水平，对直立的较强主枝进行拉枝，拉至树的夹角50°~60°，主枝发出的侧主枝上枝的角度加大至50°左右（图3-47）。

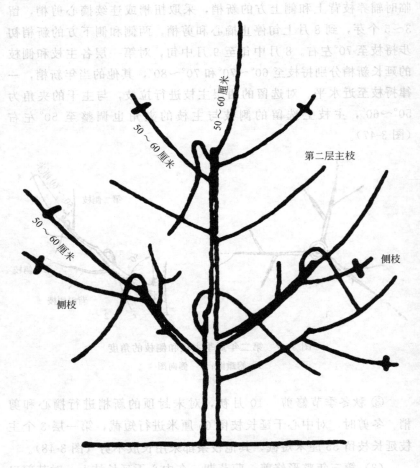

图3-48　第二年冬剪留枝

新梢，进行撑枝和拉枝，角度为45°左右，对于其他侧生枝条，将其角度拉枝至70°左右；在第三和第四主枝的层间，对2个辅养枝和其他侧生枝条长出的新梢，揪枝到70°左右，并在2个辅养枝基部进行环剥；在第一层内，3个主枝上距离着生第一侧枝40~50厘米前部的另一侧，各选1个稍强新梢培养第二侧枝；3个主枝的延长新梢拐枝至 50°～60°之间，3 个第一侧枝的延长新梢拐枝至 60°，其他枝条的新梢拐枝至 70°左右，并在临时辅养枝基部进行环剥；各种枝条的背上和侧上方长出的新梢，一律扭梢，或者每个枝条留 3～5 个芽，连续摘心或剪梢，到 8 月上旬为止。8 月中旬至 9 月中旬，对第一层 3 个主枝的延长新梢拐枝至 60°～70°，第二层 2 个主枝的延长新梢拐枝至 50°～60°；第一层 3 个主枝上的侧枝延长新梢，拐枝至 70°～80°，其他枝条长出的延长新梢或侧生新梢，均拐枝至水平状。9 月底，对未封顶的新梢进行摘心和剪梢

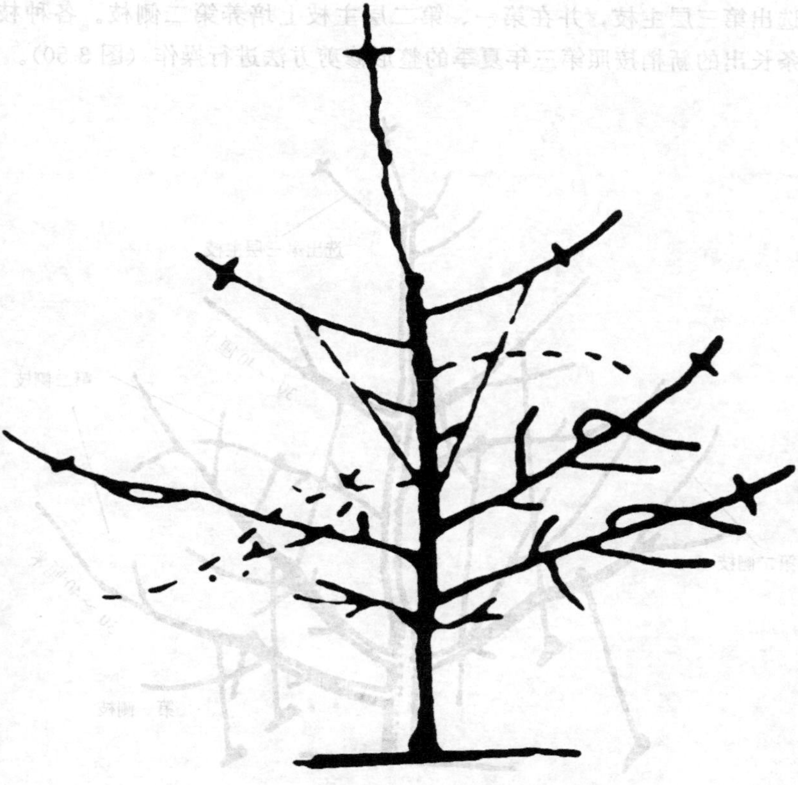

图 3-49　第三年整形修剪

（图 3-49）。

冬剪时，中心干、第一层主枝及其第一侧枝的延长枝均长放，缓和其长势；第二层主枝和第一层的第二侧枝的延长枝分别剪留 60 厘米和 55 厘米；层间 2 个辅养枝如前部结果后下垂或垂直夹角小于 120°，应回缩到水平状枝的位置长放；第一层层内临时辅养枝结果后，应疏除 1~2 个；各枝组上结果后的衰弱枝，适当回缩或短截到近水平枝的位置长放；交叉枝和过密的枝组可适当回缩和疏剪。

（4）第四年整形修剪　春季对主枝进行拉枝处理，按枝形要求选出第三层主枝，并在第一、第二层主枝上培养第二侧枝。各种枝条长出的新梢按照第三年夏季的整形修剪方法进行操作（图 3-50）。

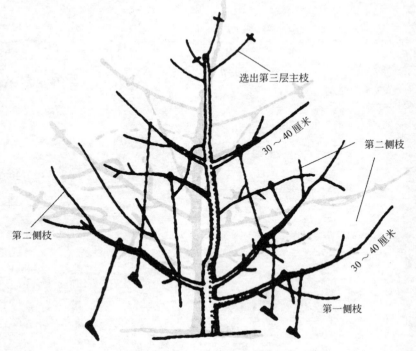

图 3-50　第四年生长季整形修剪

冬剪时，中心干、主枝、侧枝的延长枝均采取长放或轻短截，缓和其生长势。第一层内的临时辅养枝全部疏除，第二层内的临时辅养枝，疏除1～2个，其余枝条翌年冬剪时全部疏除，层间从中心干上生长出来的枝组，适当疏除一部分，其余枝组翌年冬剪时全部疏除；主枝、侧枝和层间辅养枝的枝组上，结果后衰弱枝适当回缩或短截的水平枝处，然后长放（图3-51）。

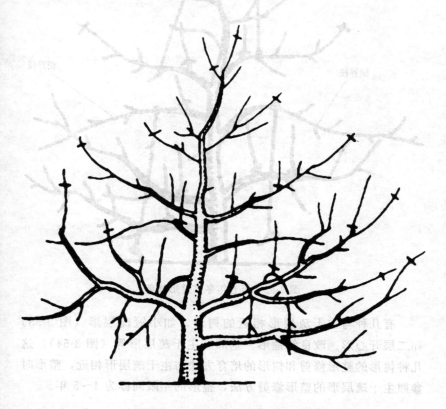

图3-51　第四年冬季整形修剪

（5）第五年整形修剪　夏季整形修剪的方法参考第三年和第四年的生长季整形修剪的操作法，但强调还要大一些。冬剪时，树高已经达到 3 米以上，中央领导主干延长枝和第一层主枝的延长枝不再短截，并选留第三层主枝和第二层上的第二侧枝（图 3-52）。

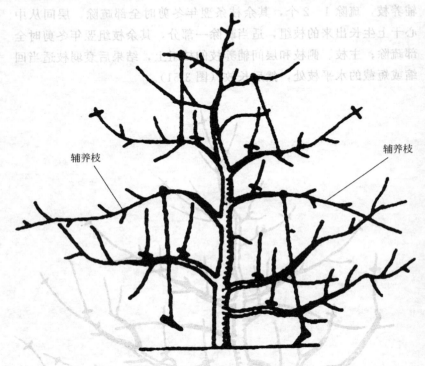

辅养枝　　　　　　　　　　　　　　　　　　　辅养枝

图 3-52　第五年冬季整形修剪

　　有几种与主干疏层形相近的树形，如小冠疏层形（图 3-53）和二层开心形、改良纺锤形、基部三主干疏层形等（图 3-54），这几种树形的整形修剪和树形的培育方法与主干疏层形相近，整形时参照主干疏层形的整形修剪方法，整形的年限同样为 4～5 年。

3.2.2　自由纺锤形的整形方法

3.2.2.1　树形结构

　　自由纺锤形树体的基本结构和树形（图 3-55），树高 2.5 米左

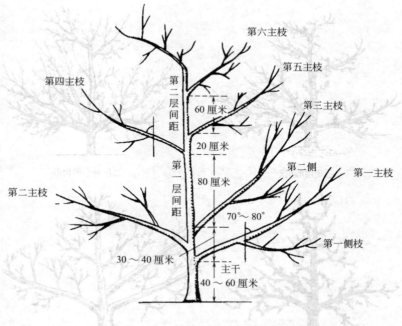

图 3-53 小冠疏层形树形结构

右，分支点高 50～60 厘米，中心干上均匀分布 12～14 个小主枝，开张角度为 75°～90°，下部 50～70 厘米内小主枝间距 4～5 厘米，上面着生小型结果枝，最下部枝组长 1～2 米，往上依次逐渐缩短；70 厘米以上每间隔 20 厘米留 1 个小主枝，螺旋状插空排列在中心干上，各个小主枝上着生结果枝组，枝组枝轴长 10～15 厘米，形成单轴延伸的小主枝。

3.2.2.2 整形过程

（1）第一年整形修剪　苗木定植后，抹除离地面 50 厘米以下的芽，50 厘米以上的芽分别在东南西北 4 个方向刻芽，间隔不超过 10 厘米，刻完 4 个方向的芽后，再向上间隔 20 厘米刻 1 个芽，定干高度为 70～90 厘米（图 3-56）。

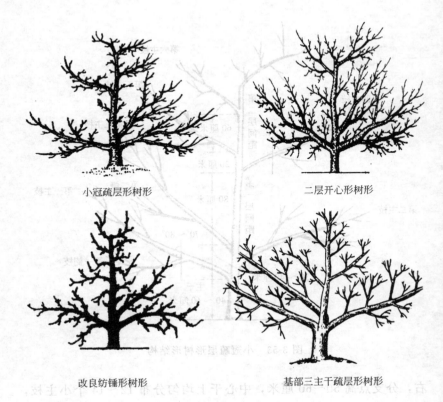

小冠疏层形树形

二层开心形树形

改良纺锤形树形

基部三主干疏层形树形

图 3-54　与主干疏层形相近的树形

　　夏季修剪时，采用扭梢、疏除的方法对竞争枝进行处理。9 月中旬，在 4 个方向选择生长良好、健壮的新梢作小主枝，拉枝到与主干的夹角至 70°～90°其余枝条除了留 1 个中心干延长头之外，全部拿枝软化成 80°～90°（图 3-57）。

　　冬季修剪，根据树体的生长势进行，生长势正常的树，选出方向好的小主枝和中心干延长枝外，其余枝条全部疏除，中心干延长枝由下至上每间隔 20 厘米与下部小枝插空刻 1 个芽，将来萌发抽枝后作小主枝，刻 3 个芽后再间隔 20 厘米短截，保留 80～90 厘米。

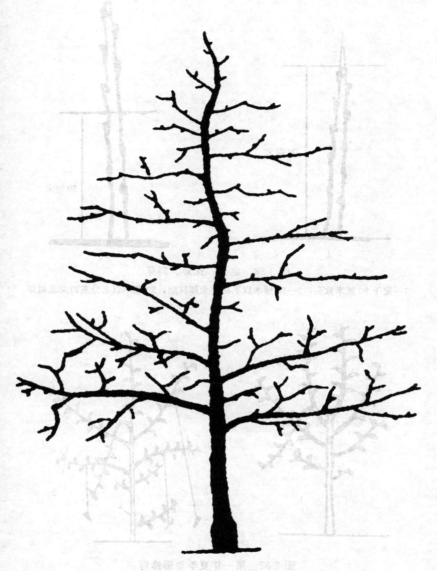

图 3-55 自由纺锤形树形

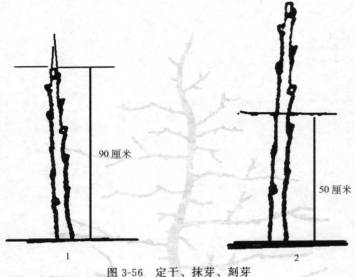

图 3-56　定干、抹芽、刻芽

1—定干 90 厘米截头；2—50 厘米以下的芽全部抹除，50 厘米以上分东西南北刻芽

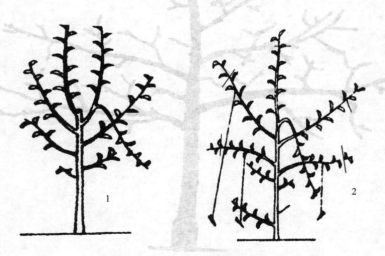

图 3-57　第一年夏季整形修剪

1— 对竞争枝进行拿枝和扭梢；2—对选留的小主枝拉枝并对

所有枝条进行摘心或剪梢

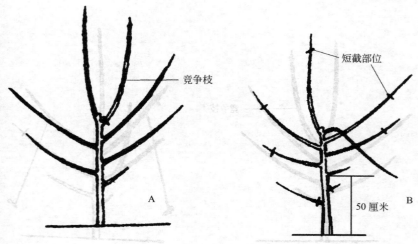

图 3-58 第一年冬季整形修剪

A—树势较强的树，只疏除竞争枝；B—树势弱的树，下部枝条疏除，
并将所有枝条进行短截

树势强的树，只疏除竞争枝，中央领导干和其余长枝均不剪（图 3-58A）。树势较弱的树，疏除较低部位的主枝，包括中央领导干在内，全部枝条都剪去长度的 30%～50%（图 3-58B）。

中央领导干过强的树，可用较弱的竞争枝代替中央领导干，将主枝剪去长度的 30%～50%，拉平直立主枝（图 3-59A）。中央领导干较弱的树，中短截中央领导干，主枝延长枝剪留长度的 50%（图 3-59B）。

（2）第二年整形修剪 第二年萌芽之前，对长度不足 1 米的基部小枝在基部 1～2 个瘪芽进行剪截，1 米以上的小枝缓放，并对 1 年生枝上的侧芽、背下芽进行刻芽，刻芽的数量占整个枝条侧芽、背下芽的 2/3，提高枝条的萌芽率，促发中短枝。5 月上旬，当小枝背上萌发的直立枝新梢生长到 20～25 厘米时扭梢，两侧芽及背下芽萌发的新梢不扭梢，并对基部小枝在基部进行环剥，剥口宽度

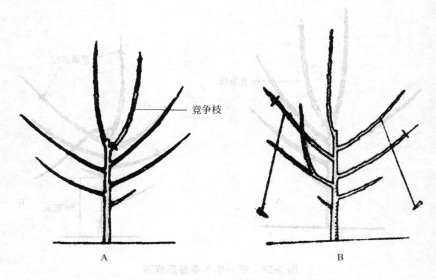

图 3-59　中央领导干不同生长势的修剪方法
A—中央领导干过强；B—中央领导干较弱

为被剥小枝直径的 1/3～1/2，促进花芽分化，提高成花率。9 月中旬，在中心干上每隔 20 厘米选 1 个壮枝作为小主枝，拉枝开角至 70°～80°，同时调整好位置，使小主枝螺旋状均匀分布在中心干上。除了选出的小主枝和中心干的延长头之外，其余的枝条全部拿枝软化成 80°～90°。对于内膛萌发的过密枝条，要适度疏除，改善树冠内部的通风透光条件（图 3-60）。冬季修剪时，疏除中心干上着生的不作为小主枝的长枝，对其余的枝条有延伸空间的在饱满芽处短截，无空间的则缓放不剪，中心干延长枝每间隔 20 厘米插空刻 1 个芽，刻 3 个芽后再间隔 20 厘米短截，保留 80～90 厘米。

（3）第三年整形修剪　第三年春季发芽前，对 1 年生枝条进行刻芽，提高萌发率。5 月上中旬，当新梢长到 20～25 厘米时扭梢，使中心干上的小主枝保留单轴延伸，同时，于 5 月上旬对小主枝环剥。9 月对中心干抽生的长枝，按第二年整形修剪方法选留小主枝

146

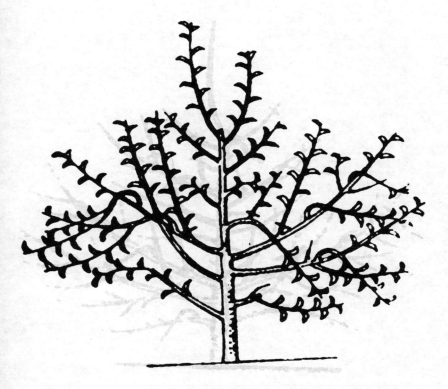

图 3-60　第二年整形修剪方法

并拉开角度，适当疏除内膛萌发的过密枝条。

　　冬季修剪时（图 3-61），除了小主枝和中心干延长头之外，中心干上其余的枝条全部从基部疏除；小主枝上直立枝、重叠枝根据情况合理疏除。中心干延长枝缓放，促发短枝，成花结果。上部不够长度的小主枝除强壮枝外，其他进行短截。

　　（4）第四年整形修剪　春季发芽前，对 1 年生枝刻芽。4 月上旬进行花前修剪，疏除多余的花芽和枝条。5 月上中旬，对所有直立旺梢采用扭、疏、拿等方法及早控制，并对小主枝进行环剥。冬

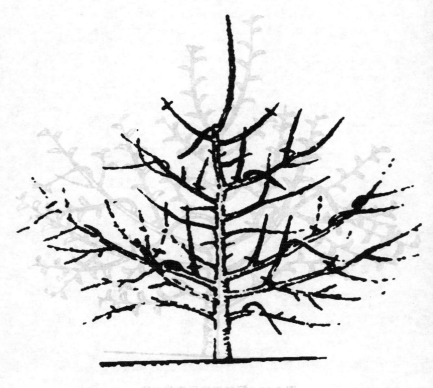

图 3-61　第三年冬剪方法

剪时，疏除过密的细弱花芽和病虫枝、细弱枝，改善树冠内的通风
透光条件（图 3-62）。

（5）第五年整形修剪　第五年以后进入盛果期，冬季修剪时下
部小主枝的修剪主要是调节负载量，采用枝果比修剪法，剪去细弱
枝、过密枝和短果枝，尽量保留中长果枝；中上部小主枝重点是控
制本身的长度和角度，结果枝组的长度绝对不能超过 25 厘米，超
过的要坚决回缩，真正保持单轴延伸，以改善树冠内的通风透光条
件。为了培养大量的下垂的中长结果枝，可以在背上适当留部分短

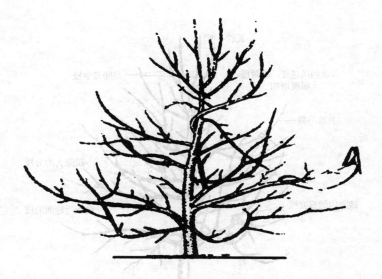

图 3-62　第四年冬剪方法

橛，以便夏季扭梢使其形成中长果枝（图 3-63）。

3.2.3　细长纺锤形的整形方法

3.2.3.1　树形结构

树高 2.5 米左右，干高 60 厘米左右，冠径 1.5～2 米。中干上均匀分布 16 个做水平状主枝，长度比自由纺锤形的主枝短，主枝上直接着生中小型结果枝组，树冠上部小，下部大，呈细长纺锤形。树形形成后可归纳为：上部窄，下部宽。树高不超过 2.5 米，水平主枝 16 个，均匀分布插空间，单轴延伸早成花，修剪简单易丰产（图 3-64）。

3.2.3.2　整形过程

（1）第一年修剪整形　定干：根据苗木长势确定是否定干以及定干高度；一般在 90 厘米处剪切定干，剪口芽要留在迎风面，剪

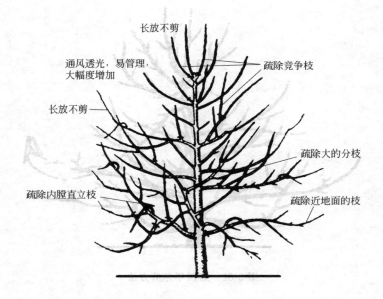

图 3-63　第五年冬剪方法

口下留 10 个左右饱满的芽，抹除剪口下的第二个芽，用抽枝宝涂抹（也可采用目伤）剪口芽及第二芽以下分布均匀、错落着生的芽作为第一批主枝。

坐地苗不定干，弱苗定干高度 70 厘米，壮苗定干高度 90 厘米以上（图 3-65A），有分枝的幼苗，定干高度在 90 厘米以上，并剪除所有分枝，留小桩剪。春季发芽时对 50 厘米以下所有萌芽全部抹除（图 3-65B），以集中营养促使上部主枝旺盛生长。夏季对竞争枝及时进行扭梢处理（图 3-66A）。8～9 月，疏除主干上 50 厘米以下萌生的枝条（图 3-66B）。

秋季修剪时根据树势确定是否拉枝，生长势强壮的幼树在 9 月将主干上保留的枝条，长度在 1 米左右的进行拉枝，拉平至 90°，或者进行捋枝捋梢处理（图 3-67A）；生长势较弱，主干上的枝条

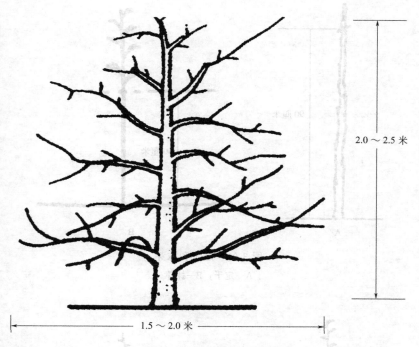

2.0～2.5 米

1.5～2.0 米

图 3-64　细长纺锤形树形

长度不到 1 米的弱树不用拉枝，任其自然生长。冬季修剪，同样要根据树势进行，树势中庸偏壮的树，中心干延长枝留 50～60 厘米短截，剪口芽留在上年剪口芽的对侧，疏除整形带内密生无用的枝条，主枝可中轻短截，促其分枝；生长势较强的树，疏除竞争枝、密生重叠枝（图 3-67B）；生长势较弱的树，主枝及中央领导干延长枝均选饱满芽剪截，促其旺枝。

（2）第二年修剪整形　春季萌芽前在中心干延长枝上选 3～4个分布均匀、错落着生的芽进行刻伤，刻伤的部位在芽上方 1 厘米处，或用抽枝宝涂抹芽，促使这些芽萌发抽枝，培养成为第二批主枝。上一年所留的主枝春季萌芽后拉枝，拉至几乎平展，至与中心干垂直，将着生于离中心干 20 厘米以内的芽全部抹除，20 厘米以

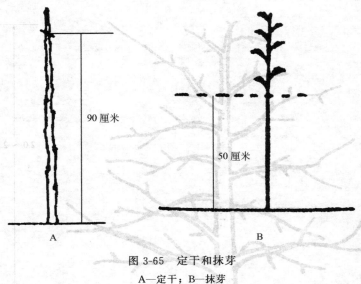

图 3-65　定干和抹芽

A—定干；B—抹芽

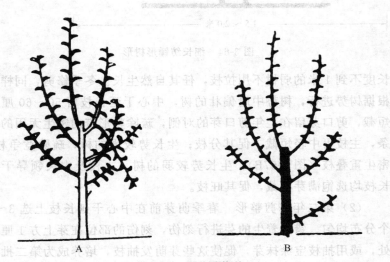

图 3-66　夏秋季修剪

A—对竞争枝进行扭梢；B—秋季疏除 50 厘米以下的萌枝

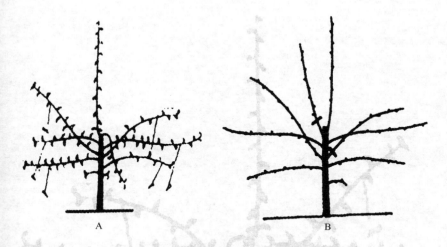

图 3-67 秋季拉枝和冬剪
A—9 月对旺树进行拉枝；B—冬季旺树修剪

后的侧芽和背下芽，采用间隔刻芽，即刻一芽后，间隔一芽，再刻下一芽，促发短枝（图 3-68）。

夏季当中心干延长枝生长到 1 米时进行摘心，或中心干延长枝长度超过 1 米时，在 1 米处截干。保留一个直立生长的芽为中心干延长枝，疏除竞争枝，或当竞争枝生长到 15 厘米时保留 7～8 片叶摘心，对其上萌发的枝条留 2～3 片叶进行连续摘心。上一年主枝上萌发的枝条生长到 30 厘米长度时进行拿枝，使其向两侧有空间处斜下垂；背上直立枝过旺的和过密的疏除，其余枝条生长到 25 厘米长度时进行扭梢，也可以在 15 厘米长度时摘心，或者进行重短截，留基部 3～4 个不饱满的瘪芽。6 月上中旬在主枝萌发的侧枝基部环割（图 3-69）。8 月底至 9 月上中旬，对第一层主枝以下萌发的较低的枝条继续疏除，二层主枝生长到 85 厘米以上时从基部拉平或捋枝至平展状态（图 3-70）。

冬季整形修剪时，根据中心干生长的生长情况确定对其的修剪

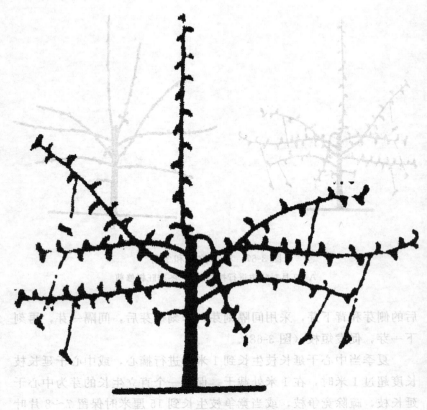

图 3-68　第二年春季拉枝和刻芽

方法，中心干延长枝长度在 60 厘米以上的一般不剪截；长度不够的在饱满芽处短截，剪口芽留在上一年剪口芽的对侧。中心干过强的用下部中庸枝换头，控制上强。疏除第一层主枝上距中心干15～20 厘米以内强旺枝以及前部强旺分枝，疏除中心干上的密生枝和重叠枝，第一批主枝，花芽过多的破顶芽。第二批主枝长放不剪（图 3-71）。

　　（3）第三年修剪整形　春季萌芽前，在中心干延长枝上选 3～4 个方向分布均匀、着生位置合适的芽，在其上 1 厘米处进行目

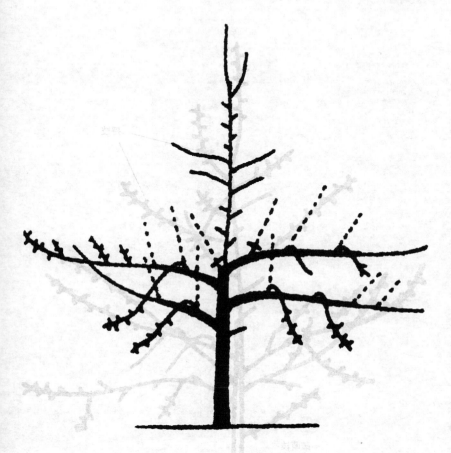

图 3-69 第二年夏季整形修剪

伤，或涂抹抽枝宝促发第三批主枝。对第二批主枝，要促使其萌发短枝，形成花芽。对第一批主枝逐步培养结果枝组。

6～7月份，疏除主枝上离中央领导干20厘米之内的旺枝，间隔疏除主枝上的直立枝，疏除树体上部过强的枝条，保持中心干直立（图 3-72A）；疏除竞争枝，对有空间的强旺枝进行扭梢处理（图 3-72B）。

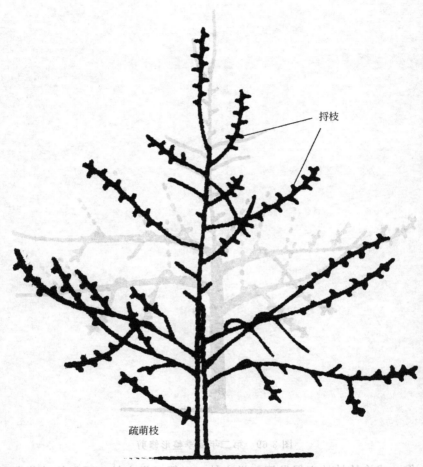

抒枝

疏萌枝

图 3-70　第二年秋季整形修剪

母，并将其枝组发育第三排主枝、剪留二排主枝、疏枝侧萌发

短枝，形成徒弱。对树冠中央发育充实三年长长枝组

6～7月上，修除主枝上高中央发育于 30 厘米左右的地枝，同

时剪除主花上的有主枝，高接树床上剪过圈的枝条。依枝中心干直

立（图 3-72A），就接壹全枝，另另支回的强枝及时进行扭梢过曲

（图 3-72B）。

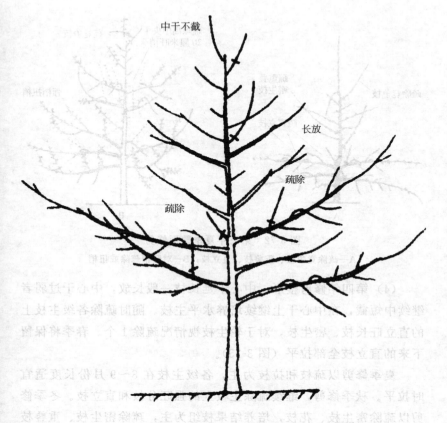

中干不截

长放

疏除

疏除

图 3-71 第二年冬季整形修剪

8～9 月份，第三批主枝长度达到 80 厘米以上时，采用拉枝的方法将这些枝条拉平，同时疏除徒长枝（图 3-73）。

冬季修剪的时候，中心干延长枝留头 50 厘米短截，其下过密的枝条继续疏除。其余作为第三批主枝轻剪长放，疏除第二批主枝上直立旺枝及密生枝，破除过多花枝的顶花芽，第一批主枝结果后，过于弱小的枝条继续回缩，中庸枝短截培养为结果枝组（图 3-74）。

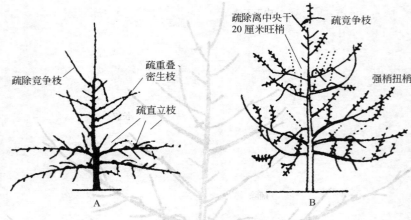

图 3-72　第三年夏季整形修剪

A—疏除竞争枝、重叠枝、直立枝；B—对旺梢疏除或扭梢

　　(4) 第四年修剪整形　中心干延长枝一般长放，中心干过弱者继续中短截，在中心干上继续培养水平主枝。随时疏除各级主枝上的直立旺长枝、密生枝，对于轮生枝视情况疏除 1 个。春季将保留下来的直立枝全部拉平 (图 3-75)。

　　夏季修剪以疏枝和拉枝为主，各级主枝在 8～9 月份长度适宜时拉平。秋季修剪，继续疏除主枝上的强旺分枝和直立枝。冬季修剪以疏除密生枝、花枝，培养结果枝组为主，疏除密生枝、重叠枝和竞争枝。当树高达到规定的高度后，中心干延长枝结果后留中庸枝落头开心至相应高度。各主枝结果后逐步回缩至需要的长度，维持全树中壮长势，达到高产稳产优质 (图 3-76)。

　　(5) 第五年以后修剪整形　第五年春夏季的修剪与第四年的修剪相同。冬季修剪以疏剪、缩剪、控制树体为主，及时落头。疏剪主要疏除密生枝、直立枝；缩剪株间过长的枝条和一些老的结果枝；下部主枝和侧生分枝过长过大时，要着手控制，保持中庸偏壮的树体状态。

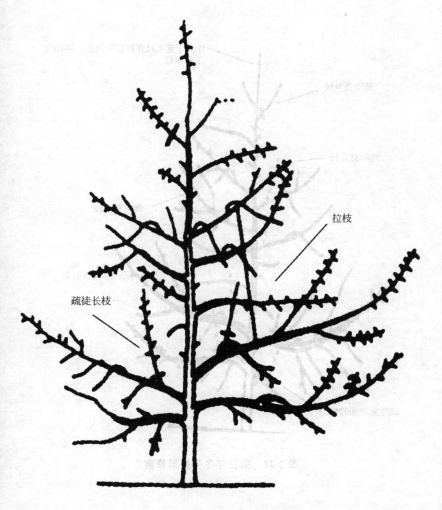

拉枝

疏徒长枝

图 3-73　第三年秋季整形修剪

中央干延长枝保持直立向上，强壮的不加短截

疏除竞争枝

疏除直立枝

疏除直立枝

疏除贴地面的枝

图 3-74　第三年冬季整形修剪

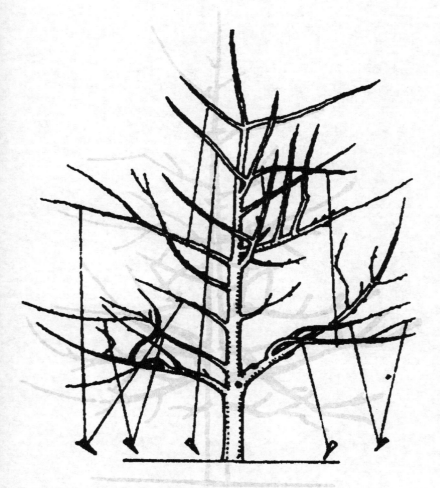

图 3-75 第四年春季整形修剪

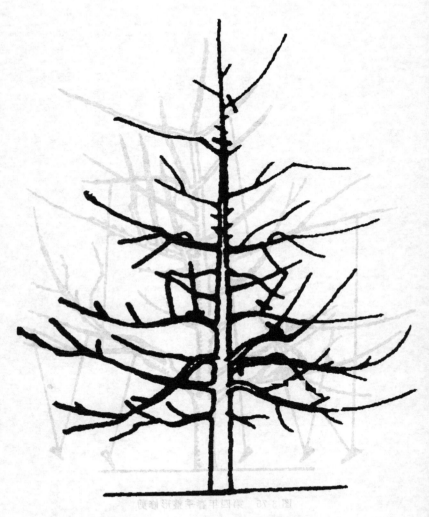

图 3-76   第四年冬季整形修剪

3.2.4　变则主干形的整形方法

3.2.4.1　树形结构

变则主干形也称十字形，这种树形的特点是全树有 5～6 个主枝，分 3 层排列在中央领导干上，每一层两个主枝均成 180°，即"一字形"排列，与上下层的两个主枝交错成十字排列，即垂直排列。第一层与第二层之间主枝相距约 150 厘米，层内间距 50 厘米左右；第二层与第三层主枝之间的距离 60～70 厘米，第三层内距约 30 厘米；第一层主枝留 3～4 个侧枝，第二层主枝留 2～3 个侧枝，第三层主枝留 1～2 个侧枝（图 3-77）。

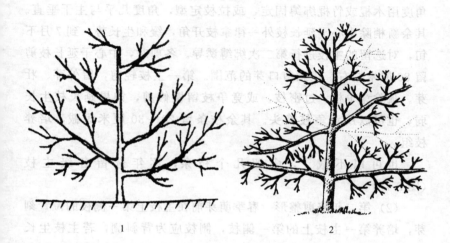

图 3-77　变则主干形树形

1—各层主枝错落；2—各层主枝相对着生

变则主干形中央领导主干生长势强，基部主枝少，层间距离大，主枝错落有序，树冠开张，通风透光好，树冠矮小，管理方便，辅养枝较多，有利于早起结果和早期丰产。进入盛果期后，枝条密集到影响通风透光时，可去掉中心干及其以上的大枝，也就是在第2层主枝以上落头，使整个树体成为4个大枝错落对向着生的十字形树形。在整形过程中，从属关系明确，容易保持树势均衡。这种树形适合于干性较强的树种或品种。

3.2.4.2　整形过程

（1）第一年修剪整形　苗木定植后定干，定干高度为80～100厘米，剪口下要有5～6个饱满芽。若高度不够，可于饱满芽处剪截，待高度达到定干要求时再定干。

栽植后第一年，春季萌芽后及时除萌，对第一个芽位萌发的枝条促使其直立生长，若该芽位同时萌生几个新梢的，选留1个，其余剪除。6月份中下旬，新梢木质化时选定第一主枝，主枝方向和角度用木棍或竹棍绑缚固定，或拉枝定型，角度几乎与主干垂直。其余新梢除中心干延长枝外一律拿枝开角，缓和生长势。到7月下旬，对选留的主枝进行第二次绑缚诱导。冬剪时，中心干延长枝剪留80厘米左右，注意剪口芽的范围。第一主枝轻剪，留外芽、壮芽。疏除竞争枝、过密枝，或竞争枝留橛修剪，如果延长枝生长弱，也可以用竞争枝换头。其余枝条留20～30厘米短截，培养枝组。

也可以不截干，多留几个枝条，逐年选留各级主枝（图3-78）。

（2）第二年修剪整形　春季萌芽前在主枝上第一侧枝的位置刻芽，培养第一主枝上的第一侧枝，侧枝应为背斜侧，若主枝生长弱，冬剪时可在50～60厘米处短截，则不必刻芽。6月中、下旬，按照第一年的方法培养第二主枝。冬剪时中心干延长枝剪留70厘米左右，各主侧枝轻短截，疏除过旺的竞争枝、密生枝，短截其他枝条培养结果枝组，对上一年培养的枝组进行缓放。

（3）第三年修剪整形　第三年依照以前的方法培养第三主枝，并在第二主枝上培养第一侧枝，在第一主枝上培养第二侧枝，延长枝头长留时刻芽。6月初对生长较旺的辅养枝进行环剥或环割。冬

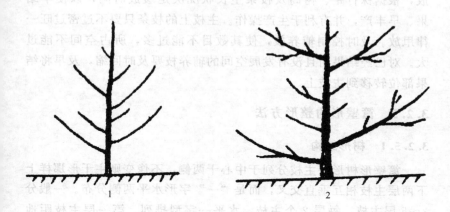

图 3-78 变则主干形整形过程

1—选留多个枝条；2—逐年培养各级主枝

剪时，中心干延长枝剪留60厘米，第三主枝和第二主枝的延长枝各剪留50～60厘米。侧枝适度短截，第一主、侧枝延长枝头轻短截，疏除强旺枝、过密枝，其他枝条缓放、开角，培养结果枝组。

（4）第四年修剪整形　第四年同样依照前面的方法培养第四主枝、第三主枝的第一侧枝和第二主枝的第二侧枝，并在第一主枝上培养结果枝组。对没有坐果的辅养枝，全部进行环割或环剥。冬剪时于第四主枝上落头开心，第四主枝不剪，甩放于春季萌芽前，通过刻芽培养侧枝。第三主枝延长枝剪留50～60厘米，其侧枝适度短截。第一、第二主枝的主、侧枝，根据空间大小或采用轻短截，或甩放。

（5）第五年修剪整形　第五年在第三、第四主枝上培养最后两个侧枝，加强夏季修剪，控制上位旺枝，通过拉枝开角缓和生长势，或通过连续摘心将其培养成为结果枝组。对主枝结构影响较大的枝条，从基部疏除。对挂果少的、生长旺的辅养枝继续进行环剥或环割，削弱其生长势，促其成花。冬剪时各主、侧枝头应适时缓放，根据株行距、树高及枝条生长状况决定缓放时间，以便早结果、早丰产，并有利于生产操作。主枝上的枝条只要不过密过旺一律甩放。及时控制辅养枝，使其数目不能过多，所占空间不能过大。对已经结果而且没有发展空间的辅养枝要及时回缩，及早将结果部位转移到主枝上。

3.2.5 篱壁形的整形方法

3.2.5.1 树形结构

篱壁形树形是主枝分列于中心干两侧，不像变则主干形那样上下两层主枝相互垂直交叉，而是"一"字形水平两侧分布。一般分3～5层主枝，每层2个主枝，水平一字型排列。第一层主枝距地面70～80厘米，留10个左右侧枝；第二层主枝与第一层主枝间隔60厘米，留8个侧枝；第三层主枝距第二层50厘米，留6个侧枝；第四层主枝距第三层主枝40厘米，留4～5个侧枝（图3-79）。

篱壁形树形可以单株培育，也可以双株培育。这种树形枝条开张角度大，光照条件好，下部结果枝形成早，发育好，早果、丰产、稳产、品质优良，结果部位集中，采摘省工，适合于所有果园，尤其是密植果园，国外几乎所有的果树都广泛采用篱壁形。

值得一提的是双株同穴篱壁形，因同穴双株，双干一冠，所以，地下部的根系相对较大，吸收范围广，地上部分长势旺，枝叶量大，易于早期丰产。加之每株的主枝量少，因此，枝叶营养充足，结果性能较好。如果按照老法整形，定干时将上部剪掉，重新发枝整形，则推迟了树形的成形时间，而用此法整形，则可以充分利用定干以上部分的枝梢，并作为第一层主枝，既充分利用幼苗新梢，又加快了幼树的成形。按照常规方法整形，一般需要3年以上，而利用此法整形，2年即可基本完成。下面以3层12个主枝铁丝固定的篱壁形为例介绍篱壁形树形的整形过程。

3.2.5.2 整形过程

（1）第一年修剪整形 定植后留60厘米定干（图3-80A），新

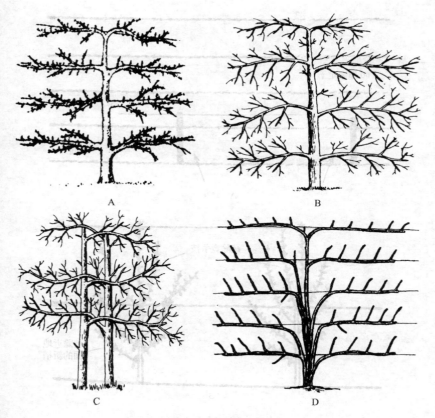

图 3-79 篱壁形树形

A—单干四层铁丝固定篱壁形；B—单干四层自支篱壁形；
C—双株三层自支篱壁形；D—多干五层铁丝固定篱壁形

梢萌发后，顶端为中心干，下部留 4 个主枝作为第一层主枝；如果主枝少于 4 个，在新梢生长到 30 厘米时，对生长旺盛的新梢进行摘心，促发分枝。对生长旺盛的竞争枝进行疏除，并疏除近地面的新梢（图 3-80B）。

冬剪时将第一层 4 个主枝拉平，分别绑缚在第一层铁丝上，不

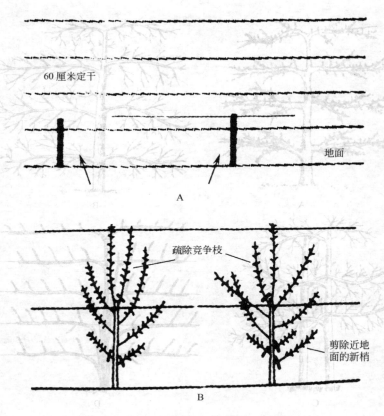

图 3-80 篱壁形第一年春季整形

A—定干；B—确定第一层主枝

短截，中心干在第二道铁丝以上 5 厘米处短截（图 3-81）。

（2）第二年修剪整形　第二年生长期对中心干进行短截，萌发新主枝，选择生长旺盛的再保留中心干，选留 4 个第二层主枝。如果主枝数量不够，可在 20～30 厘米处对旺枝摘心，促发分枝，增加主枝量。第一层主枝保持前端枝延长生长，间隔疏除萌发的侧枝，保留适合距离的枝条作为侧枝（图 3-82A）。夏季将第一层主

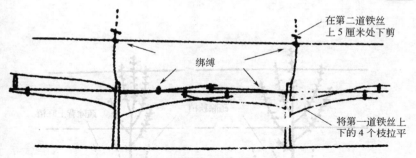

在第二道铁丝
上 5 厘米处下剪

绑缚

将第一道铁丝上
下的 4 个枝拉平

图 3-81 篱壁形第一年冬季整形

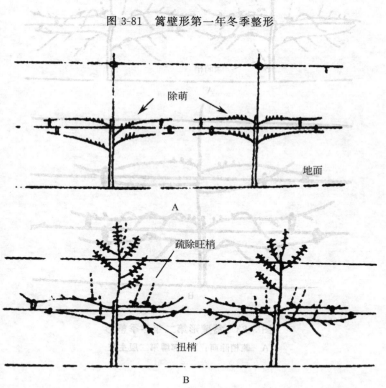

除萌

地面

A

疏除旺梢

扭梢

B

图 3-82 篱壁形第二年春夏季整形

A—春季整形；B—夏季整形

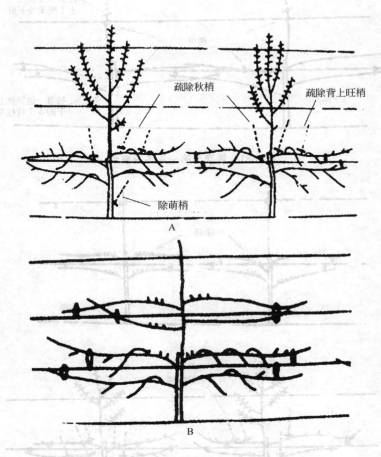

图 3-83　篱壁形第二年冬季整形

A—疏梢除萌；B—绑缚第二层主枝

枝保留的侧枝进行扭梢，控制生长量，并对第二层的旺梢进行疏除（图 3-82B）。

　　冬剪与第一年相同，先疏除近地面的萌发新枝，对于第一层主枝上萌发的秋梢疏除，特别要疏除背上旺枝（图 3-83A）。将第二层主枝分两侧绑缚在第二道铁丝上，不短截，中心干延长枝在第二道铁丝以上 5 厘米处短截（图 3-83B）。

　　（3）第三年修剪整形　中心干延长枝在 50 厘米处短截，生长季对第二层主枝萌发的侧枝进行扭梢，疏除徒长枝，培养第三层 4 个主枝（图 3-84A）。冬季将第三层的 4 个主枝绑缚在第三层铁丝

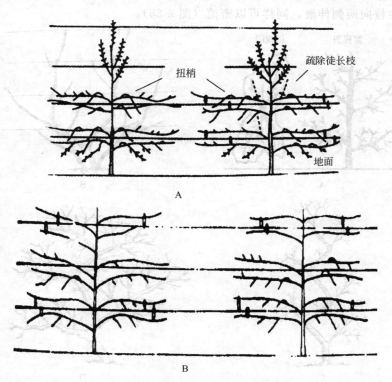

图 3-84　篱壁形第三年冬季整形

A—疏梢扭梢；B—绑缚第三层主枝

上，不再留中心干（图 3-84B）。这样就形成 3 层 12 个主枝的篱壁形。

篱壁形对于主干干性强的树种的密植效果非常理想，主枝呈两侧"一"字形排开，可以缩小株距，在主枝上的侧枝的适度长度而定：如侧枝长度 150 厘米，那么株距就可以采用 3 米；如果侧枝长度为 1 米，则株距为 2 米。篱壁形树形几乎适合于所有果树，像干性强、植株高大的苹果树、梨树、柿树等，植株矮小的樱桃、枣树、杨梅等，藤本类的葡萄、猕猴桃等都可以采用这种树形。

与篱壁形树形相似或相近的树形有各种不同类型的扇形，也是主枝向两侧伸展，同样可以密植（图 3-85）。

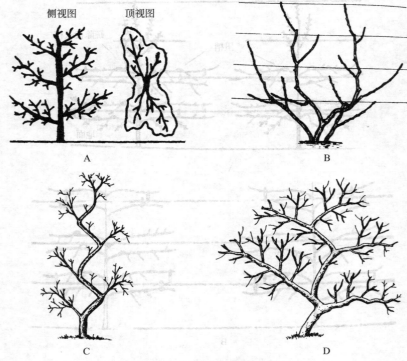

图 3-85 与篱壁形相似的树形

A—单主干自然扇形；B—多主干自由扇形；C—弯曲主干扇形；D—折叠主干扇形

3.2.6 二主枝自然开心形的整形方法

3.2.6.1 树形结构

二主枝自然开心形主干低矮，干高为30～50厘米。全树只有两个大主枝，向行间伸展，每个主枝上配3～5个侧枝，主枝和侧枝上着生结果枝组和结果枝，树高2.5～3.0米。两个主枝错落着生，角度保持在45°左右，形似"Y"字，故也称"Y字形"（图3-86）。

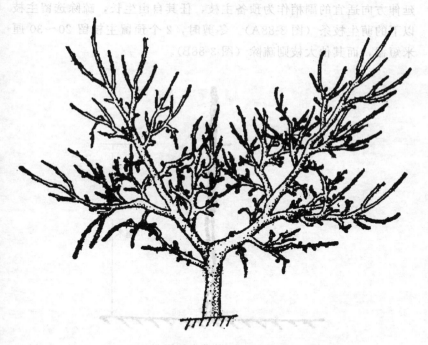

图 3-86 二主枝自然开心形（Y字形）树形

二主枝自然开心形一般采用宽行密植，树冠可大可小，适合于不同栽植密度。行间在2～6米之间，株距在0.8～3米之间均可采用这种树形。株距小于2米时，不需要配备侧枝，主枝上直接着生结果枝组；株距大于2米时，每个主枝上可配备2～3个侧枝。

"Y"字形树形适合于植株不高的果树的整形，可以达到密植、高产的效果。但对于植株高大的果树，两个主枝生长十分高大，而且倾斜，支撑性不如篱壁形。

3.2.6.2 整形过程

(1) 第一年修剪整形　幼苗定植后，新梢生长到35～40厘米时进行摘心（图3-87），促发副梢，选留2个生长健壮、着生匀称、延伸方向适宜的副梢作为预备主枝，任其自由生长，疏除选留主枝以下的萌生枝条（图3-88A）。冬剪时，2个预留主枝留20～30厘米短截，而其他大枝则疏除（图3-88B）。

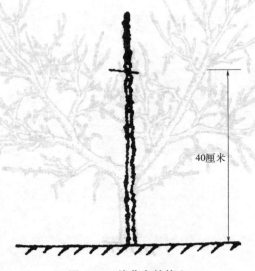

40厘米

图 3-87　幼苗定植摘心

如果定植成苗，定干高度为40～50厘米，新梢生长到30～40厘米时，选留2个生长健壮、延伸方向适宜的新梢作为预备主枝，疏去竞争枝，留2～3个辅养枝，控制其生长势，以辅助预留主枝

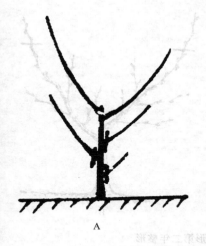
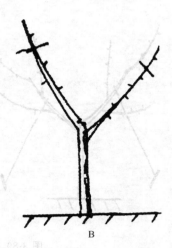

图 3-88　"Y"字形第一年整形

A—疏除预留主枝以外的枝条；B—对预留主枝短截

的生长优势。预备主枝背上的直立枝和斜上生长的副梢，一般不保留，其他新梢的生长势也应该控制，不能超出预备主枝。

（2）第二年修剪整形　第二年春季萌芽后，对两个主枝进行拉枝，开张角度为 40°～50°（图 3-89A）。及时抹去主枝背上的双生枝和过密枝，保留剪口下第一芽作为主枝延长枝，当延长枝生长到40～50 厘米时进行摘心，促发副梢。副梢萌发后，直立的及时疏除，斜生枝保留 20～30 厘米扭梢，剪口下第二、第三芽所萌发的新梢，作为培养大、中型枝组之用；直立和密集的副梢，及时疏除，其他副梢在生长到 25～30 厘米时摘心。剪口下除了第一、第二、第三芽萌发的枝条之外，其余新梢直立的疏除、侧生的摘心，促其形成花芽。

冬季修剪时，主枝延长枝保留 50～60 厘米短截，第一芽留外芽，也可以留侧芽，第二、第三芽留侧芽，以培养大、中型结果枝组，其余枝条有花的留 10 对左右花芽短截，疏除多余的发育枝，

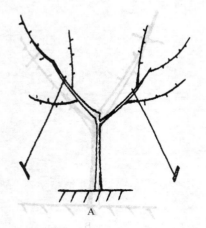
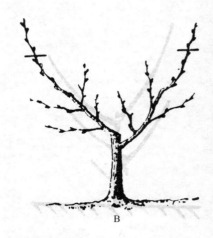

图 3-89 "Y"字形第二年整形

A—春季拉枝；B—冬季修剪

保留的枝条留 2～3 芽短截（图 3-89B）。大、中型结果枝组的延长枝，留 30～40 厘米短截，疏去直立枝，而对于侧生、斜生新梢，留 3～4 芽短截，疏去密生枝和双生枝。

（3）第三年修剪整形 第三年春季发芽后，新梢生长到 5～6 厘米时，及时抹去不保留的芽，5～6 月间，疏除过多的新梢，使同侧新梢基部保留 20 厘米左右的间距。树冠上部的主枝和大、中型枝组的延长枝及侧生枝应及时摘心；斜生枝、侧生枝要控制其旺长，培养枝组；对于中下部位的新梢，在长度达到 30～40 厘米时摘心，促其成花；直立徒长枝应及时疏除，其余新梢缓放。

冬季修剪时，树冠上部的主枝延长头，留 50～60 厘米短截，大、中型枝组用徒长性结果枝或长果枝作为延长枝头。夏季扭梢的枝条，过密的疏除，有花芽的留 7～10 条果枝，无花芽的继续长放，形成花芽后再回缩。小型枝组有花芽的留 5～7 条果枝，无花芽的根据需要和空间大小决定去留。大、中型枝组上，按 2：1 的

比例选留预备枝，即在 3 个果枝中，选留 2 个结果，另一个留2～3
芽短截。

通过 3～4 年的整形修剪，树体的骨架就基本形成（图 3-90）。
二主枝自然开心形，有一段 50 厘米左右高度的主干，另外一种没
有主干的二主枝开心形，也称"V 字形"（图 3-91），其作用和整
形方法与"Y 字形"接近。

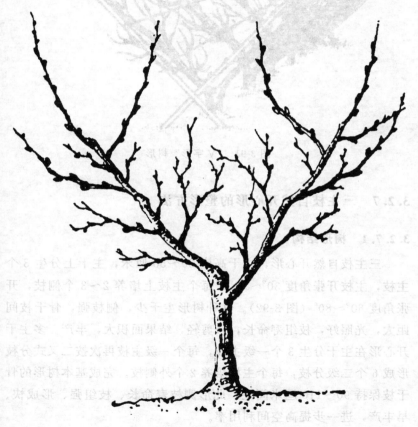

图 3-90　第三年整形后基本成形

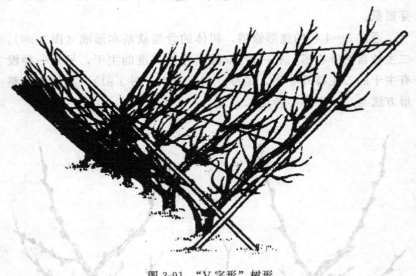

图 3-91 "V 字形" 树形

3.2.7 三主枝自然开心形的整形方法

3.2.7.1 树形结构

三主枝自然开心形，主干高度 30～50 厘米，主干上分生 3 个主枝，主枝开张角度 30°～50°，每个主枝上培养 2～3 个侧枝，开张角度 60°～80°（图 3-92）。这种树形主干少，侧枝强，骨干枝间距大，光照好，枝组寿命长，修剪轻，结果面积大，丰产。多主干开心形在主干分生 3 个一级主枝，每个一级主枝再次按二叉式分枝形成 6 个二级分枝，每个主枝培养 2 个外侧枝。完成基本树形的骨干枝保持 90～110 厘米间距，此形侧枝寿命长、枝组强、形成快、早丰产，进一步提高空间利用率。

3.2.7.2 整形过程

（1）第一年修剪整形　定植之后随即进行定干，成品苗种植的

图 3-92 三主枝自然开心形

A—张开角度小；B—张开角度大

　　苗木在距地面 60～70 厘米处剪截定干，剪口下 20～30 厘米处要有良好的芽作为整形带（图 3-93A）。芽苗种植嫁接的苗木当接芽萌发生长到 80～90 厘米时在距地面 60～70 厘米处摘心，促发副梢（图 3-93B）。

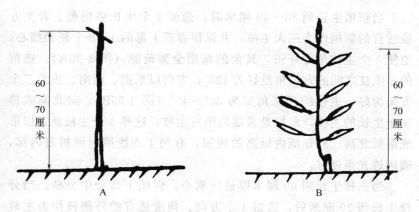

图 3-93 第一年定干

A—成品苗定干；B—芽苗嫁接定干

　　当主干上新梢生长到 2 厘米左右时，将上部 10 多个幼芽留下，其余芽抹除（图 3-94A）。当新梢生长到 20 厘米左右时，从中选留

5～6个长势好、角度和方位都比较适宜的新梢，其余的新梢全部抹除或剪除（图3-94B）。

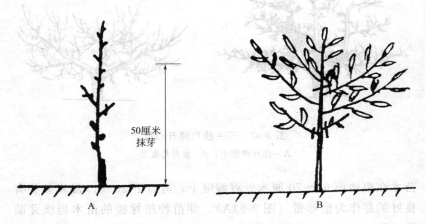

图3-94　第一年抹芽疏枝
A—抹除整形带以下的芽；B—疏除选留主枝以外的新梢

当新梢生长到30～40厘米时，选留3个生长势均衡、着生方位适宜的新梢作为三大主枝，并保留靠近上部的1～2个新梢摘心，迫使3个主枝角度开张，其余的新梢全部疏除（图3-95A）。选留的3主枝之间的方位角最好为120°，方向以东南、西南、正北三个方向为好，主枝的开张角度为30°～45°（图3-95B）。向北侧或梯田壁生长的主枝，最好是顶端的第三主枝，这样3个主枝就可以形成南低北高、外延低内延高的树冠，有利于光线照射到树冠内部，通风透光条件好。

当主枝生长到60厘米厚进行摘心，促使下部分生分枝。当分枝生长到30厘米后，选留1个方向、角度适宜的外侧枝作为主枝的延长枝，延长枝生长到60厘米时，再次摘心，选留下一段延长枝。分枝中若有直立旺长枝，应及时剪除，以免影响主枝生长，扰乱树形。

冬季修剪时，对选留的3个主枝各留50厘米左右短截，剪口

图 3-95　选留 3 主枝

A—3 主枝上下位置错落；B—3 主枝之间的角度

芽留外芽，第二芽和第三芽留在两侧，加大主枝的开张角度，使树势开张。

（2）第二年修剪整形　春季萌发后，对预留主枝以下的芽抹除，对辅养枝进行扭梢摘心或短截（图 3-96A）。当主枝延长枝生长到 50 厘米时，在 30 厘米处短截，促进副梢萌发，增加分枝级次，主枝延长枝选留方向同第一年，副梢萌发过密，要适度疏除一部分，副梢生长到 40 厘米时摘心，从中选留侧枝。如果主枝开张角度达不到要求，用拉枝的方式调整角度，达到合适的开张角度（图 3-96B）。

第二年冬季修剪时，主枝延长枝应及时短截，剪留 40～50 厘米，同时选留侧枝。每个主枝配备 2～3 个侧枝，第一侧枝距主枝基部 50 厘米左右，角度为 75°～90°，避免与主枝竞争（图 3-97A）；第二侧枝在第一侧枝相反一侧，距第一主枝 50 厘米左右（图3-97B）。株行距较大的情况下，可在距离第二侧枝 40 厘米处，与第二侧枝相反的位置留第三侧枝（图 3-97C）。其余的枝条生长到 30 厘米时摘心，促其形成花芽。三大主枝的方位角保

181

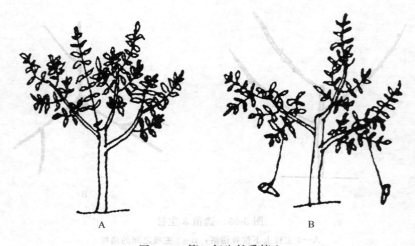

图 3-96　第二年生长季摘心

A—抹芽和短截；B—拉枝

持均衡（图 3-97D）。

（3）第三年修剪整形　经过 2 年的修剪整形，树体基本形成。对于第二、第三侧枝未选出的，夏季修剪的时候注意选留。生长季加强剪梢和疏枝。冬剪时，主侧枝延长枝可适当保留作为结果枝，减缓树体外延势头，防止后部枝组衰弱，留果多少应视空间大小、生长势强弱而定，空间小、生长势强多留果，反之应少留或不留。

对于结果枝或结果枝组的修剪，要疏密、短截，促进分枝开大枝组。大型枝组不要留在主侧枝的同一枝段上配置，以防削弱主、侧枝的先端生长势。各枝组之间应保持一定距离，同方向的大枝组之间保持 50～60 厘米、中枝组保持 30～40 厘米，在大、中枝组间安排小枝组。枝组在骨干枝的分布依据两头稀、中间密的原则，前面以中小型枝组为主，中间和后面以中大型枝组为主，背上以中小型枝组为主，背后及两侧以大中型枝组为主。

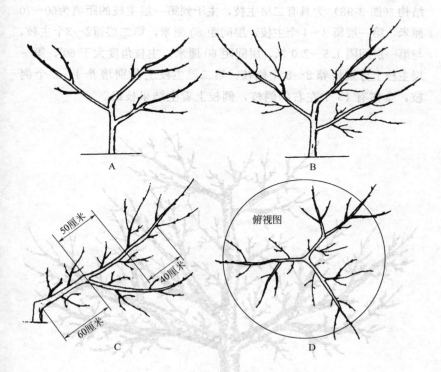

图 3-97　第二年冬季侧枝的选留和培养
A—选留第一侧枝；B—选留第二侧枝；C—各侧枝的排列；
D—三大主枝角度俯视图

3.2.8　二层开心形的整形方法

3.2.8.1　树形结构

　　自然开心形除了二主干、三主干开心形之外，还有多主干自然开心形，主要有四、五、六主干开心形。但在实际生产中，大多都采用二、三主干自然开心形。除此之外，还有二层开心形，介于自然开心形和主干形之间，具有一段主干，并分层开心。

　　二层开心形又称延迟开心形，是主干形和开心形的结合。树体结构（图 3-98）为具有二层主枝，主干到第一层主枝的距离为60～70厘米，第一层留 3～4 个主枝，层间距 80 厘米，第二层留2～3 个主枝，与第一层间隔 1.5～2.0 米，层间距 60 厘米。主枝角度大于 60°，第一层主枝上分别培养 2～3 个侧枝，第二层主枝上分别培养 1～2 个侧枝，全树有 15 个左右的侧枝，侧枝上着生结果枝组。

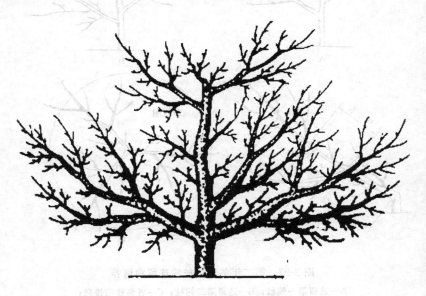

图 3-98　二层开心形树形

3.2.8.2　整形过程

（1）第一年整形修剪　幼树定植后，定干 60～70 厘米高（图3-99A），以上部分剪去。萌芽期，在剪口以下 40 厘米范围内，剪口下方第二芽以下选择着生错落的 3 个芽，彼此间的方位角为 120°（图3-99B），在选定的 3 个芽上面进行目伤，促进抽枝。枝条萌发后，注意第一层主枝在主干上的着生位置上下不小于 20 厘米。第一层主枝确定后，保留中央领导主干延长枝的顶芽及一个副梢，将其他枝条疏除，芽除掉，并对副梢进行扭梢处理（图 3-100）。

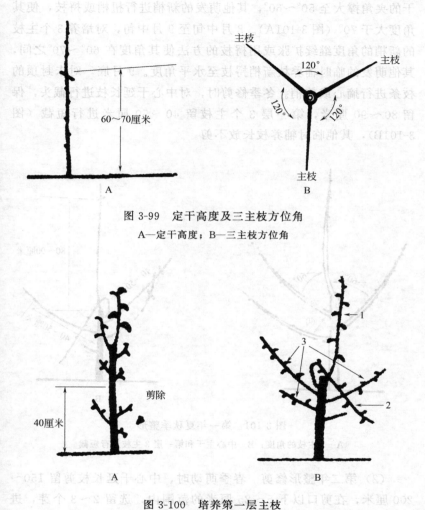

图 3-99 定干高度及三主枝方位角
A—定干高度；B—三主枝方位角

图 3-100 培养第一层主枝
A：主干 40 厘米以下的枝条全部疏除、芽全部抹掉
B：1—中央领导干延长枝；2—副梢扭梢；3—第一层主干

　　5 月份至冬季期间的修剪整形，称夏秋季整形。5～6 月份当新梢开始木质化时，用木棍或竹棍将预留培养为 3 个主枝的枝条与主

干的夹角撑大至 50°～60°，其他萌发的新梢进行扭梢或拧枝，使其角度大于 70°（图 3-101A）。8 月中旬至 9 月中旬，对培养 3 个主枝的新梢的角度继续扩张或用拧枝的方法使其角度在 60°～70°之间，其他萌发的临时辅养枝新梢拧枝至水平角度。9 月底，对未封顶的枝条进行摘心或剪梢。冬季修剪时，对中心干延长枝进行截头，保留 80～90 厘米，第一层 3 个主枝留 40～50 厘米进行短截（图 3-101B），其他临时辅养枝长放不剪。

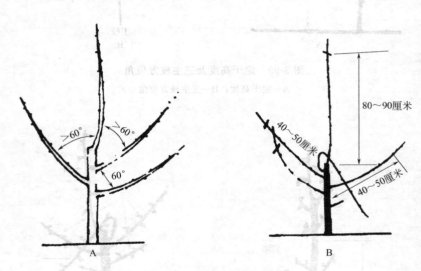

图 3-101　第一年夏秋季整形

A—3 主枝的角度；B—中心主干和第一层 3 主枝进行短截

（2）第二年整形修剪　春季萌动时，中心干延长枝剪留 150～200 厘米，在剪口以下 5～25 厘米的范围内，选留 2～3 个芽，进行目伤，培养第二层主枝，所选芽方位角相近，2 芽为 180°，不能与第一层主枝重叠，也就是要与第一层的主枝交叉。第一层主枝剪留 40～50 厘米，在其上选择 2～3 个两侧或侧下方未萌动的芽进行目伤，同时在层内辅养枝也选择 2～3 个侧芽进行目伤。春季开始萌动后，对第一层主枝长度达到拉枝要求的进行拉枝，将其与中心干的夹角固定成为 60°～70° 之间。5～6 月份，在中心干上，对培养层间辅养枝的侧生新梢初步撑枝至 70° 左右，层间的其他侧生新梢扭梢或连续 3～4 次摘心与剪梢（图 3-102A），留枝 10 厘米左右，到 8 月上旬停止摘心或剪梢。第二层两个主枝也用同样方法选留侧枝（图 3-102B）。

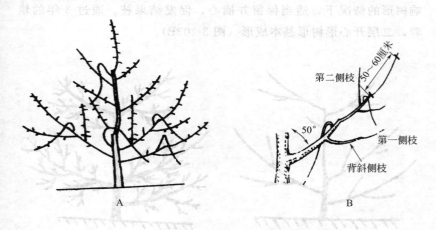

图 3-102　第二年夏季摘心、扭梢与侧枝的分布
A—扭梢、摘心；B—侧枝的分布

　　在第一层 3 个主枝上，分别在离基部 50 厘米左右的位置选 1 个稍强的新梢培养成为第一侧枝，对其不做处理，如此处新梢不强，可在其前部进行目伤，促进其转强。第一层主枝于侧枝和层内临时辅养枝背上和侧上方的新梢，采取扭梢或连续摘心剪梢，留 3～5 个芽，到 8 月上旬停止摘心和剪梢，两侧和侧下方的新梢初步撑枝至 70° 左右。8 月中旬至 9 月中旬，对第一层各主枝和侧枝的延长新梢分别撑枝至 60°～70° 和 70°～80°，其他的当年新梢，一律撑枝至近水平。对选留的两层主枝进行拉枝，与主干的夹角为 50°～60°，主枝上选留的侧枝与主枝的夹角也调整至 50° 左右。秋冬季节修剪在 10 月初，对未封顶的新梢进行摘心和剪梢。冬剪时，

对中心干延长枝留 65 厘米进行短截，第一层 3 个主枝延长枝留 55 厘米短截，其他枝条都采用长放不剪。

（3）第三年修剪整形　第三年春季萌发后，继续培养侧枝，生长到 50 厘米左右摘心，抹除其他多余的芽（图 3-103A）。夏秋季对侧枝上萌发的枝条继续采用摘心，各主枝上萌发的辅养枝在不影响树形的情况下，适当保留并摘心，促发结果枝。通过 3 年的培养，二层开心形树形基本成形（图 3-103B）。

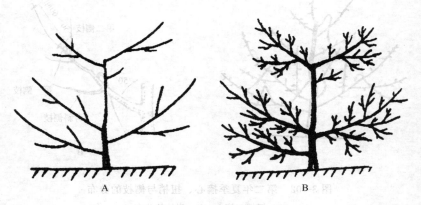

图 3-103　第三年整形

A—抹芽、摘心、短截；B—基本成形

3.2.9　杯状形的整形方法

3.2.9.1　树形结构

杯状形与自然开心形相近，都是有 3 个主枝开心形，不同之处是杯状形的 3 个主枝按二叉分枝的方式培养形成 6 个二级主枝，二级主枝再以二叉分枝的方式形成 12 个三级主枝。（图 3-104）。

3.2.9.2　整形过程

（1）第一年修剪整形　栽植后留 50～70 厘米定干，春季萌发

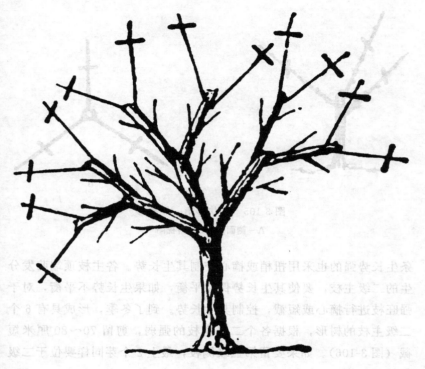

图 3-104　杯状形树形

后主干上萌发许多新梢,选择着生于顶部、生长势强、开张方向为三个不同方向的 3 个枝条作为主枝,其他枝条疏除。保留的 3 个主枝,用拉枝的方法使其与主干呈 45°的夹角,向三个方向开展,3 主枝之间的夹角近似 120°(图 3-105)。3 个主枝生长到冬季时,根据其生长长度,留 70~80 厘米短截,最上端 2 个芽宜选择着生于两侧的芽,萌发后留作二级侧枝。

(2)第二年修剪整形　第二年春季新梢萌发后,各主枝上留近顶端 2 个健壮的枝条,要求分别向左右两侧生长,其余近顶部的枝条,生长势强的及时疏除,生长势弱的进行扭梢或摘心,下部的枝

树木整形修剪技术图解

图 3-105　杯状形第一年整形
A—侧面图；B—俯视图

条生长势强的也采用扭梢或摘心控制其生长势。各主枝顶端萌发分生的二级主枝，要使其生长势保持平衡，如果生长势不平衡，对于强旺枝进行摘心或短截，控制其生长势。到了冬季，形成具有 6 个二级主枝的树形，根据各个二级主枝的强弱，剪留 70～80 厘米短截（图 3-106）。如果要留第三级侧枝，最上 2 个芽同样要位于二级侧枝的两侧。

（3）第三年修剪整形　第三年按同样的方法培养三级主枝（图 3-107）。在二级侧枝最上短 2 个着生于两侧的芽萌发的枝条保留，其他萌发枝进行疏除或摘心。到第三年冬季，杯状形树形就基本形成。

树形未培养成形之前，最忌主枝上结果，因为主枝上结果，会很大程度上减缓主枝的生长势，妨碍树形整体成形，故如果主枝上直接开花的要及时将其疏除。可以留部分辅养枝结果，结果后将这些辅养枝疏除或短截。

杯状形各主枝的开张角度不同，彼此间没有影响，光照充足，但容易形成树冠中部光秃的现象，因此在树冠内膛应保留一定数量

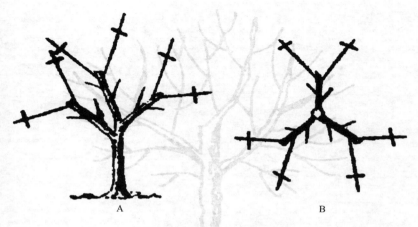

图 3-106　杯状形第二年整形

A—侧面图；B—俯视图

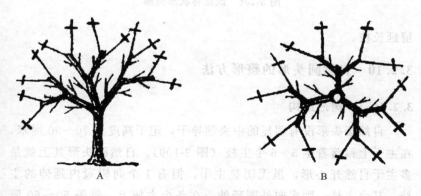

图 3-107　杯状形第三年整形

A—侧面图；B—俯视图

的辅养枝，保证结果部位的多样性。另外，与杯状形相近的树形还有改良杯状形（图 3-108）。每个主枝上培养 2 个二级主枝和 1 个单轴延长枝，二级主枝再二叉分枝，延长枝留下一组二叉分枝后，再

树木整形修剪技术图解

图 3-108　改良杯状形树形

留延长枝。

3.2.10　自然圆头形的整形方法

3.2.10.1　树形结构

自然圆头形没有明显的中央领导干，定干高度为 70～90 厘米，在主干上错落着生 5～6 个主枝（图 3-109）。自然圆头形其上就是多主干自然开心形，虽无明显主干，但有 1 个向树冠内延伸的主枝，其余主枝，则多向外围延伸。在各个主枝上，每隔 50～60 厘米，选留 1 个侧枝，使其错落着生于主枝两侧；在侧枝上着生各类枝组，枝组着生的部位和延伸方向不是很严格，主要是着生骨干枝的两侧和背下。着生在背上的枝组，只要生长势不过强，不影响骨干枝的生长，也不影响树形和其他结果枝的时候可以保留，有影响的时候，再继续缩剪或疏除。

192

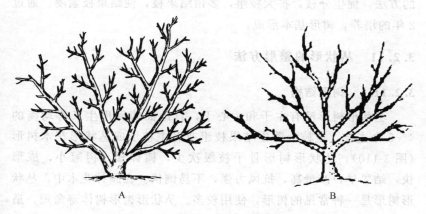

图 3-109　自然圆头形树形
A—主干较矮树形；B—主干稍高树形

自然圆头形是在顺应自然生长的条件下，略加人为调整而形成，因此修剪量比较小，总枝量多，树冠形成快，主枝分布均匀，结果枝较多，一般 3～4 年即可成形，进入结果期较早，也较为丰产。适应于直立性较强的树种，宜于密植和小冠栽植。缺点是树冠内膛后期易光秃，修剪时应注意及早选择和培养预备枝。

3.2.10.2　整形过程

（1）第一年修剪整形　栽植后定干 70～90 厘米，留 5～6 个枝条，要在各个方位都有，并且有一定的高差错落着生，其他枝条疏除。主枝生长到 50～60 厘米时短截，剪口下第一芽留作延长枝，第二芽留作第一侧枝。

（2）第二年修剪整形　春季萌发后各主枝的延长枝生长到60～70 厘米时短截，剪口下第一芽留作主枝延长枝，第二芽留作第二侧枝，方向要与第一侧枝方向相反。第一侧枝上萌发的枝条，选留 1～2 个培养成为枝组，其他枝条短截或扭梢。

（3）第三年修剪整形　第三年按照前两年的方法培养第三侧枝。在冬剪时，要逐步增减结果枝组，在培养时，采用短截和疏密的方法，促生分枝，扩大枝组，多留结果枝，使结果枝紧凑。通过2年的培养，树形基本形成。

3.2.11 丛状形的整形方法

3.2.11.1 树形结构

丛状形树形没有主干和中心干，自地面萌发出生长势均衡的4～5个主枝，主枝上着生结果枝组或有主枝形成丛状形花木树形（图3-110）。丛状形树形骨干枝级次少，树体矮，树冠小，成形快，结果早，产量高，抗风力强，不易倒伏。在园林花木中，丛状形树形是一种常见的树形，使用较多。丛状形树形树体寿命短，适合于沿海和风大的地区，也适合于密植以及山区丘陵和温室栽培。

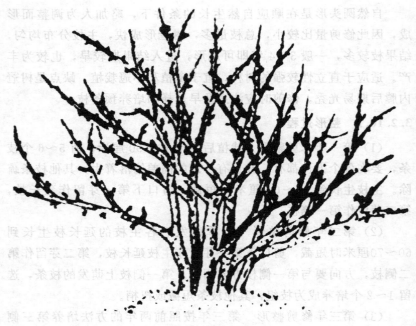

图3-110 丛状形树形

3.2.11.2 整形过程

（1）第一年修剪整形　苗木定植后定干，离地面20厘米截干（图3-111A）。当年就可分生出1～5个一级枝，生长季对一级枝及其延长枝头当年生长到40～50厘米摘心，留枝长30～40厘米，促发二级分枝；二级分枝每生长到30～40厘米进行摘心（图3-111B），留枝长度10～20厘米，培养结果枝组。第一年冬剪时，对一级分枝根据生长势强弱进行短截，生长长度不足70厘米的枝条，缓放不剪，任其生长。超过70厘米的枝条，留20～30厘米短截，如果枝量不足，对强枝保留20～30厘米剪截，剪口芽一律留外芽。

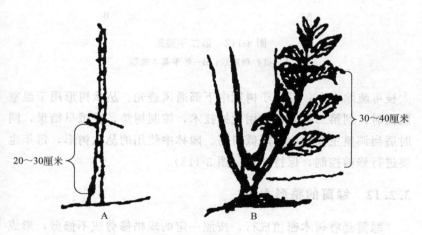

图 3-111　第一年整形
A—定干截干；B—主枝摘心

（2）第二年修剪整形　第二年春季，只对个别旺枝进行调整，生长季还需继续摘心，增加枝量，其余枝条缓放（图3-112A），第二年冬季基本成形（图3-112B）。

在整形后的修剪管理过程中，要始终注意背上直立枝的及时控制，对盛果期后主枝的枝头开始衰弱的要及时回缩复壮。过密过挤

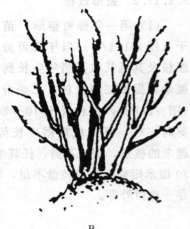

图 3-112　第二年整形

A—摘心和短截；B—冬季基本成形

大枝可疏除 1 个，以利于树冠中下部通风透光。丛状树形用于温室栽植时，到第二年春季应用化控技术，控制树势，促进早结果，同时适当调整主枝角度，降低树高。园林中使用的丛状树形，每年也要进行修剪控制，保持树形（图 3-113）。

3.2.12　绿篱的整形方法

绿篱是将树木密植成行，按照一定的规格修剪或不修剪，形成绿色的墙垣，称为绿篱，也称树篱或植篱。在园林中，绿篱主要起到分割空间、遮蔽视线、衬托景物、美化环境及保护作用。绿篱还可以做成装饰性图案、背景植物衬托、构成夹景、突出水池或建筑物的外轮廓等。

绿篱按高矮不同可分为高篱、中篱和矮篱，三种的高度为：高篱在 1.2 米以上，中篱为 1～1.2 米，矮篱在 0.4 米左右；绿篱按照植物的特点和使用方法可分为花篱、果篱、彩叶篱、枝篱、刺篱

A B

图 3-113　丛状形花木

A—丛状形小叶黄杨；B—丛状形非洲茉莉

等；按照树种的习性分为常绿绿篱和落叶绿篱。

　　各种绿篱有不同的选择条件，但是总的要求是绿篱树种应该有较强的萌芽更新能力，以生长缓慢、叶片较小、花小而密、果小而多、能够大量繁殖的树种为好。

　　常用的绿篱树种有桧柏、侧柏、冬青、榆树、雪柳、卫矛、小叶女贞、小叶黄杨、大叶黄杨、雀舌黄杨、大花溲疏、山梅花、小叶丁香、珍珠绣线菊、金露梅、珍珠梅、黄刺玫、刺蔷薇、树锦鸡儿、小檗、花椒、酸枣、刺李、红叶石楠等。

3.2.12.1　树形结构

　　用作绿篱的植物要求枝叶丰满，特别是下部枝条不能光秃，要从基部培养出大量的分枝，形成整个植株自地面到枝顶都有分枝，基部无光秃的为合格的绿篱（图 3-114）。

3.2.12.2　整形过程

　　（1）第一年修剪整形　定植后，当苗木高度达到 20～30 厘米时，剪去主干顶端，促进侧枝的萌发（图 3-115A）。当侧枝生长到

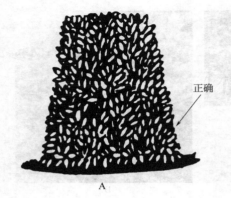
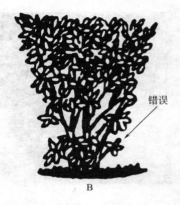

图 3-114　绿篱树形

A—基部无光秃，合格绿篱树形；

B—基部有光秃，不合格绿篱树形

20～30厘米时，对侧枝进行剪梢，促进次级侧枝的萌发（图3-115B）。

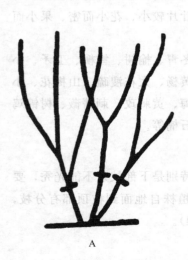
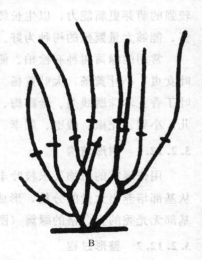

图 3-115　绿篱第一年整形

A—第一次剪梢；B—第二次剪梢

（2）第二年修剪整形　第二年采用同样的方法继续培育。在未达到所需要高度时，尽量少修剪，最多只短截生长过快的枝条，保持植株上的枝条同步生长。一些绿篱树种，经过2年的培育就可以达到要求，如果第二年生长季结束后，还达不到要求的，第三年继续培养，基本就可以达到要求（图3-116）。

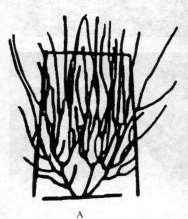

A

B

图 3-116　成型的绿篱
A—第二年或第三年修剪；B—成型的绿篱

绿篱植物的培养方法还可以采用直接定干的方法，定干的高度就是绿篱的高度，定干后对主干上萌发的枝条全部保留，如果不能够萌发的芽进行刻芽，特别是中下部的芽不易萌发，最好春季萌发前对中下部的芽都采用刻芽处理，促使所有的芽均萌发枝条。当萌发的侧枝生长到20～30厘米时进行摘心或剪梢，促进二级侧枝的萌发，当二级侧枝生长到20厘米以上时，用园艺剪对外形进行修剪。绿篱在园林绿地中使用较为广泛，功能和作用也有所不同（图3-117）。

绿篱建植成型后，每年都需要进行维护和修剪，才能够保持其

图 3-117　各种不同种类和功能的绿篱
A—与球形树搭配的绿篱；B—遮挡作用的高篱；
C—弧形绿篱；D—八卦图案矮篱

良好的造型和观赏效果，才能够保持绿篱的功能（图 3-118）。

3.2.13　球形的整形方法

3.2.13.1　树形结构

球形树形包括圆球形、卵圆形、圆头形、扁球形、半圆形等，树木的树形以圆弧形为主，给人以优美圆润、柔和、生动的感受（图 3-119）。圆球形树形在花木的整形中使用较多，既可以用于盆栽，也可以用于园林绿地，与其他造型树及各类形状的树木搭配组成各种类型的绿地，也可以孤植、群植和丛植于草坪。球形树形在

图 3-118 绿篱维护修剪

图 3-119 圆球形树形

城市绿化中应用颇广，效果良好，可以说，城市各类型的绿地中，无球不成景，尤其在规则式绿地中，球形树与尖塔形树冠互为衬托，形成强烈对比，产生诱人的美感。

球形树形可以用于大多数的花木的整形，乔木、灌木均可，高矮均匀，大小都行，目前园林绿地中使用较多的球形树种有大叶黄杨球、小叶黄杨球、红叶石楠球、榕树球、海桐球、叶子花球、非洲茉莉球、金叶和花叶假连翘球、小叶女贞球、木犀榄球等。事实上，只要是发枝力强、耐修剪的树种都可以培养成为球形树形。

3.2.13.2　整形过程

（1）第一年修剪整形　第一年定植后，树势弱的让其自然生长，冬剪时或到第二年春季萌发时进行平槎或重剪；树势强的可在6月中下旬平槎或重剪，促其萌发新枝。

（2）第二年修剪整形　第二年春季萌发时，在萌发的枝条中保留5~6个主枝，生长到50~60厘米时进行摘心、剪梢或短截（不同的树种以及不同大小的球形主枝的长度可根据实际情况而定），促进萌发侧枝（图3-120A）。当侧枝生长到30~40厘米时再次进行修剪，这时的修剪可以使用园艺剪，按照球形的轮廓进行修剪（图3-120B）。

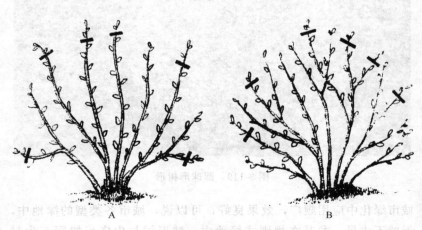

图 3-120　球形树形的第二年整形修剪

A—对萌发的主枝进行摘心或剪梢；B—对萌发的侧枝进一步修剪

（3）第三年修剪整形 第三年的修剪主要是球形树形的整形，每当萌发的新梢生长到20～30厘米时就使用园艺剪按照球形的轮廓进行修剪和修整（图3-121A），通过5～6次的修剪，就基本塑造出规整的圆球形树形（图3-121B）。球形树成形后同样需要每年的维护和修剪（图3-122）。

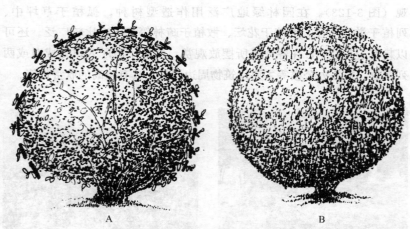

图 3-121　球形树形的第三年整形修剪
A—持续数次的外轮廓修剪；B—塑造出球形树形

图 3-122　球形树形维护修剪
A—未修剪的球形树；B—球形树的维护修剪

3.2.14 垂枝形的整形方法

3.2.14.1 树形结构

垂枝类树种都是采用嫁接的方式繁殖和培育的树冠开展下垂的观形类树木，树冠呈伞形，主干通直，宛如一把大伞，造型独特美观（图 3-123）。在园林绿地广泛用作造型树种，孤植于草坪中、列植于游园小径、群植于花坛、散植于疏林等，用途比较广泛。还可以栽植于花盆中，在各种场所摆放观赏，多见于门厅入口处成对或两列摆放，或在办公楼等主要建筑物周边摆放，具有较高的欣赏价值。

A   B

图 3-123　垂枝形树形
A—龙爪槐；B—垂枝榆

垂枝形树种有龙爪槐、垂枝榆、垂枝樱花、垂枝杏、垂枝桃、垂枝桑、龙爪柳、垂枝梅、垂枝桦、垂枝水青冈、垂枝丁香、垂枝冬青、垂枝槭树、垂枝云杉等。

3.2.14.2 整形过程

（1）第一年修剪整形　垂枝类树种的繁殖方法基本相同，都是先把砧木培育到预留的高度，然后截干嫁接。主干高度根据不同的培养目的和不同的使用场所而各异。一般来说，主干的高度从 40 厘米到 400 厘米，40～100 厘米的属于低矮型，培育成型的垂枝类树木主干低矮，只适合于盆栽，室内摆放欣赏，露地栽植观赏效果不理想；100～250厘米主干的垂枝类树种，主干高度合适，伞形树冠能够充分开展，可以培育成为各种园林绿地使用的垂枝类树种以及大型盆栽摆放于室外的垂枝类树木；250～400厘米主干的，属于大型或巨型垂枝类树木，适合孤植或散植于空旷地段，或作为行道树。250厘米以上的主干，培育的垂枝类树木，因其枝条下垂，树冠开展的幅度不能够与树高形成和谐的比例，观赏效果不太理想；而主干在100厘米以下的垂枝类树木，会因为枝条下垂过长而使树冠的下垂姿态不明显，观赏效果也比较差；100～250厘米主干的垂枝类树木，干高和冠幅的比例比较协调，观赏价值较高。所以，在垂枝类树木培养过程中，大多采用100～250厘米的定干高度，通常采用100厘米、120厘米、140厘米、160厘米、180厘米、200厘米、220厘米、240厘米几个规格的主干高度。主干的高度确定主要根据下垂树冠的开展角度，开展角度大者，主干宜高一些，而树高开展角度小的，主干高度要矮一些，在生产过程中，要根据不同的树种及其树冠开展角度来合理地确定主干的高度，力求培育出的垂枝类树木，树高与冠幅的比例合适，具有较高的观赏价值。

主枝的高度确定之后，就可以截干嫁接。截干后可以直接在截口上嫁接，也可以截干后在截口下萌发的3～4个枝条上嫁接（图3-124）。

嫁接成活后，选择着生方向均匀、向3～4个方向延伸的枝条，保留培养主枝，其余萌发的枝条全部疏除。保留的主枝，生长势强的保留50～60厘米短截，生长势弱的主枝长放不剪，到冬季修剪的时候再进行短截。

（2）第二年修剪整形　嫁接后第二年，春季萌发之前，将所保留的主枝留20～30厘米短截（图3-125），促发侧枝。如果主枝着生不均匀，或者某个方向缺少主枝，在春季萌发时及时补接，保证各个方位都有主枝。夏季当侧枝生长到50～60厘米时再次进行摘

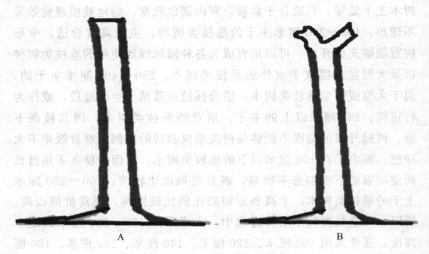

图 3-124　垂枝形树形的嫁接
A—截口处直接嫁接；B—截口下萌发的枝条上嫁接

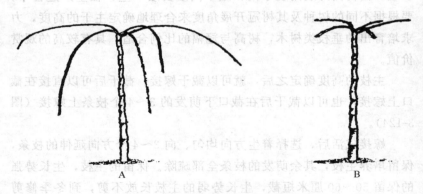

图 3-125　垂枝形树形第二年春季整形修剪
A—第一年长放的主枝；B—主枝全部短截

心、剪梢或短截，进一步促进二级侧枝的萌发（图 3-126）。冬季修剪时将所有下垂的枝条保留适合的统一的长度剪截。

（3）第三年修剪整形　第三年的整形修剪方法与第二年相似，

图 3-126　垂枝形树形第二年夏秋整形修剪

A—主枝留 60 厘米短截；B—短截后萌发二级侧枝

在生长季适时进行修剪，冬季疏除过密的枝条，并将所有下垂的枝条留统一长度剪截（图 3-127）。

图 3-127　垂枝形树形第三年冬季整形修剪

A—树形基本成形；B—冬季进一步整形修剪

3.2.15　造型树的整形方法

3.2.15.1　树形结构

人为对树木进行修剪、蟠扎，加工成为各种复杂的几何或非几何图形，创作出千姿百态、栩栩如生的艺术效果，以达到独特的观赏情趣和意味，这种具有特殊形态的树木就称为造型树。造型树的类型主要有以下几类。

（1）动物造型　各种动物的造型，像狮子、老虎、龙、熊猫、马、牛、羊、鹿、鸵鸟、孔雀、鸡、各种小鸟等（图 3-128），几乎所有人们认为是吉祥的动物，都可以用树木造型。

图 3-128　动物造型树树形

A—小鸟形造型树；B—孔雀开屏形造型树；C—海鸥形造型树；D—大象形造型树；
E—羊形造型树；F—马形造型树；G—海豚形造型树；H—狮子形造型树；
I—恐龙形造型树；J—蛇形造型树

　　（2）建筑类型　各种门、栏、亭、塔、楼、阁等（图 3-129）。
　　（3）规整几何体　各种规整的几何体，如圆柱体、圆锥体、三角体、柱体、螺旋体等（图 3-130）。
　　造型树可以单株种植，蟠扎修剪成形，也可以多株种植，蟠扎修剪成形，整形方法可采用蟠扎与修剪相结合，也可以直接修剪成形。
　　造型树的材料主要包括树木材料和辅助材料。树木艺术造型时应选择萌芽力和生长力强、分支点低、结构紧密、耐修剪的树木种类。常用于造型树的树种主要有桧柏、刺柏、杜松、罗汉松、五针

图 3-129　建筑类造型树树形

A—葫芦塔形造型树；B—方形塔形造型树；C—立体绿亭造型树；
D—单干形绿亭造型树

松、油松、黑松、金钱松；小叶女贞、金叶女贞、小蜡、雪柳；锦熟黄杨、小叶黄杨、雀舌黄杨；龟甲冬青、波缘冬青、枸骨、无刺枸骨；大叶黄杨、扶芳藤、卫矛；火棘、小丑火棘、狭叶火棘；还有珊瑚树、含笑、南天竹、贴梗海棠、油茶、杜鹃花、椰榆、紫薇、银杏、小叶榕、福建茶、九里香、叶子花等。辅助材料包括搭架支撑和蟠扎绑缚的材料，主要有竹竿、树桩、金属丝、PVC管、泡沫塑料、棕丝、铁丝、铜丝、铝丝、麻绳、塑料绳、尼龙绳等。

图 3-130　几何体造型树树形
A—圆形和方形层叠造型树；B—圆锥体树形造型树；
C—螺旋体造型树；D—组合型造型树

造型树的类型很多，整形修剪过程也不尽相同，下面介绍几种常见的造型树的整形修剪过程。

3.2.15.2　孔雀开屏造型树造型修剪过程

孔雀开屏造型树（图 3-131）是人们喜欢看到的景观，在造型前首先要观察环境，选择适合孔雀开屏的环境，确定造型树的位置；其次要研究孔雀开屏的结构和开屏的最佳姿态；然后在图纸上绘出孔雀开屏的轮廓；最后再选择合适的树木。孔雀开屏造型需要枝叶密集的树木，可以选择桧柏等树木，树高和冠幅要大于设计造型的体量。按照设计位置栽植好，定植成活后就可以进行

图 3-131　孔雀开屏造型树树形

整形（图 3-132）。

　　（1）总体布局　按照设计，在树干上进行孔雀的布局，主干的上半部可以作为孔雀展开的屏的整形，下半部作为孔雀的身体、腿和基座。身体前部的主枝作为孔雀的头的形状。预先在主干两侧150 厘米处分别打 1 个木桩，用适当粗度的铁丝将较大的枝条拉成与中心干呈 45°的倾斜角，固定在打好的木桩上，注意用铁丝捆绑枝条的时候，要用木片或废布包住枝干，以免树体和枝条受伤害。

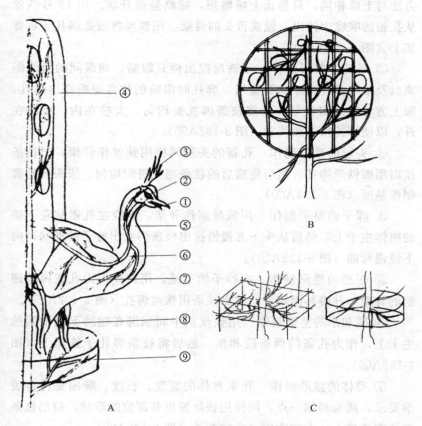

图 3-132 孔雀开屏造型树树形

A—各部位的整形；B—孔雀尾巴的整形；C—孔雀踩台整形

（2）各部位的整形制作

① 喙和舌的整形制作 头部的器官主要有头、嘴、舌头、眼、头冠几部分。头嘴舌的制作：用铁丝捏成孔雀头的形状，在头的前部用铁丝捏成一个"V"字形骨架，绑扎在作为孔雀头部枝条的顶端稍向下适当的位置，作为孔雀嘴的上喙，上喙中间要求有一定的宽度，拉出较长的枝条用铁丝绑扎在上喙骨架上。下喙的制作绑扎

方法与上喙相同，只是比上喙略短，喙略呈张开状。用 16 号铁丝从孔雀的喉咙中拉出，做成舌头的骨架，用铁丝将枝条绑扎于舌骨架上（图 3-132A①）。

②　眼睛的整形制作　用铁丝捏出两只眼睛，两眼间的弧线距离以及眼与鼻孔的距离要适当，绑扎时眼睛的位置要略高出鼻孔。眼上方与脸成斜坡状。脸部枝条绑扎要均匀，大枝在内，小枝在外，以便绑扎得细致美观（图 3-132A②）。

③　头冠的整形制作　孔雀的头冠同样用铁丝作骨架，把枝条拉出用细铁丝绑扎。然后将脑后的枝条相互搭配均匀，按头的轮廓制作整形（图 3-132A③）。

④　脖子的整形制作　用铁丝制作骨架，缠绕在孔雀脑壳下端的树体主干上，然后从头下方慢慢拉出枝条绑扎出脖子的形状，向下慢慢弯曲（图 3-132A⑤）。

⑤　翅膀的整形制作　在脖子的下端，用铁丝捏出孔雀两只翅膀的骨架，并将其固定好。拉出枝条用铁丝绑扎（图 3-132A⑥）。

⑥　腿和爪的整形制作　用铁丝从中间捆绑在翅膀下面中间的主干上，作为孔雀的两条腿和爪，然后将枝条绑扎于铁丝上（图3-132A⑧）。

⑦　身体的整形制作　孔雀身体的宽度、长度、腰围要符合美学要求，两头稍细一点，同样用铁丝捏出各部位的形状，拉出枝条绑扎在铁丝上，大枝在内，小枝在外（图 3-132A⑦）。

⑧　尾巴的整形制作　制作孔雀尾巴的时候，以树体中间的主干为中心，用竹片和竹竿作成孔雀开屏尾巴的骨架，将后部上端的枝条绑扎在制作好的孔雀尾巴的骨架上（图 3-132A④和图3-132B）。

⑨　孔雀踩石台的整形制作　在孔雀爪下的位置绑扎出一个平台，用附近粗枝条绑扎，踩石台呈长方体状，最后拉出枝条用细铁丝绑扎均匀（图 3-132A⑨和图 3-132C）。

（3）成形修剪　孔雀开屏造型树的所有部位制作完成之后，随着枝条的生长，要不断进行修剪，在各部位对生长长度超出整形轮廓之外的枝条要进行及时修剪，通过反复不断的修剪和整形，一个栩栩如生的孔雀开屏造型树就展现出来了。

3.2.15.3　小鸟造型树的整形制作过程

小鸟造型树的制作，采用叶片细小、耐修剪、生长缓慢、寿命长的树种，如小叶黄杨、小叶女贞、侧柏、昆明柏、金叶假连翘、牛筋条、榔榆等。下面以小叶黄杨为例介绍小鸟造型树的造型制作过程。

（1）树木定植　小鸟造型树的整形制作，首先要定植造型树木，选择2株灌丛状的小叶黄杨，并排栽植，使树干向同一个方向适当倾斜，株高约45厘米，没有主干的灌丛最好（图3-133A）。

（2）制作造型　定植第二年夏初，修剪基部，将基部的萌枝疏除，下部占整体的1/4。基部疏除枝条和叶片后整形成为小鸟的足。小鸟身体和头部的制作，可以用木棍作为支架，用铁丝捏出各部位的形状，固定在木棍上。整个小鸟的身体、翅膀、尾巴和头部均用铁丝制作出轮廓造型，然后对过长的枝条进行短截，各部位的枝条绑扎在铁丝轮廓上，长度不够的枝条进行甩放，生长到造型位置时短截或摘心（图3-133B）。

（3）修剪整形　到同年夏季，再次修剪小鸟的足部和身体部分，要求修剪出圆顶形的小鸟头部雏形，上面留一些斜向上的枝条作为制作鸟喙的预留枝条，同时沿着小鸟各部位的轮廓修剪，对超出轮廓以外的枝条用园艺剪进行修剪，使所有枝条都保留在鸟身体轮廓之内（图3-133C）。在修剪的时候，要注意检查绑缚在树干上以及枝条上的铁丝，如果过紧则要适当解松一些。

（4）第二年整形　第二年只需要按照鸟的身体外轮廓继续修剪，对较细的部位，如头颈部位、翅膀和尾巴的尖细部分，如果有较强的枝条，要适当疏除。到夏秋季节，小鸟身体的各部位基本成形，枝叶丰满，这时就可以逐步拆除小鸟身体造型外轮廓的

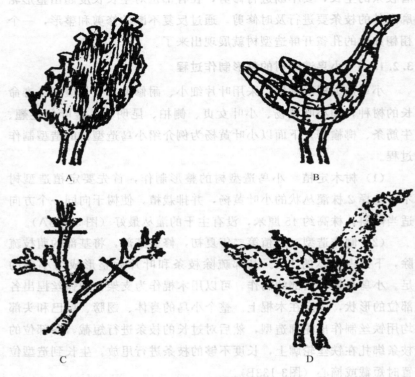

图 3-133　小鸟造型树整形过程

A—树木定植；B—绑扎造型；C—修剪超出部分；D—修剪成形

铁丝和木棍。通过外部的细致修剪，小鸟造型树就基本完成（图3-133D）。

其他动物造型树的整形制作过程与孔雀和小鸟造型树的制作过程基本相似，都是在造型树上先用铁丝和竹木棍绑扎成为各种动物的外部轮廓，对各部位的枝条进行疏除或甩放，强则剪，弱则放，对生长到外部轮廓的枝条进行摘心、短截或扭梢。当造型动物各部位的枝条丰满时，用园艺剪仔细修剪外部轮廓，经过精心修剪，就可以形成枝叶丰满、生动的动物造型树。

3.2.15.4 螺旋体造型树的整形制作过程

螺旋体造型树给人一种积极向上的感觉，富于幻想、生机勃勃和充满柔情的动感，深受人们的喜爱。螺旋体造型树的制作，树种的选择与小鸟造型树的选择相同，要选择枝叶细小、密集、耐修剪、生长速度缓慢、寿命长的树种。这里以小叶黄杨为例介绍螺旋体造型树的整形制作过程。

（1）制作树木的选择 制作小叶黄杨造型树时，选择1株生长健壮、树形直立性好、挺拔、高度约为1.2米的树木。在螺旋体造型前要培养1~2年，并修剪成为圆锥体。

（2）整形制作过程

① 确定修剪线路 螺旋体整形制作的时期一般选择在初夏，枝叶已经充分萌发时。整形修剪开始前，用皮尺或绳子从树体基部

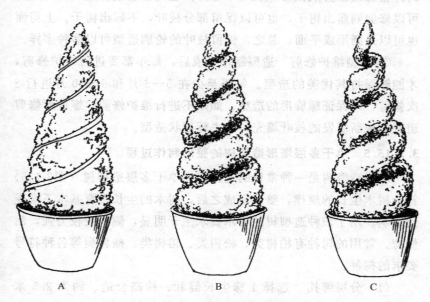

图 3-134 螺旋体造型树整形过程

A—用皮尺或绳子圈出修剪线路；B—沿圈出的修剪线路剪出痕迹；
C—沿修剪线路精细修剪成形

开始，按一定的距离螺旋状向上缠绕，每圈间隔一般为 30～40 厘米。根据树体的高度确定螺旋缠绕圈数，测量每圈的距离，可以每圈之间的距离相等，也可以下面的距离宽，向上逐渐减少每圈螺旋之间的距离（图 3-134A）。皮尺或绳子螺旋状缠绕的位置确定之后，就可以进行修剪。

② 造型制作修剪　用园艺剪沿皮尺或绳子确定的修剪线路分别在线上和线下剪出 2 道修剪线，两条修剪线之间的路线就是造型修剪路线，宽度一般在 10～20 厘米。取走皮尺，用修枝剪将两条修剪线之间的粗枝的枝顶剪掉，并用园艺剪再次修剪造型道内的小枝和叶片，进一步确定和加深整形修剪道（图 3-134B）。修剪道剪出后，就可以对保留的螺旋状的枝叶进行细致整形，可将保留枝叶的外轮廓线修剪成圆形（图 3-134C），也可以修剪成方形和梯形，可以修剪到露出树干，也可以保留部分枝叶，不露出树干。上剪面也可以是圆形或平面，总之，保留枝叶的轮廓造型可以多种多样。

③ 造型维护修剪　造型制作完成后，每年都要进行维护修剪，才能够保持其优美的造型。每年至少在 5～6 月和 9～10 月进行 2 次修剪，以保证螺旋形的造型。如果不进行维护修剪，螺旋形修剪道就会被新萌发的枝叶填充，失去螺旋状造型。

3.2.15.5　单干多层塔形造型树的整形制作过程

塔形造型树是一种常见的造型树，单干多层造型树（图3-135）符合树木生长的规律，整形完成之后，树木的生长发育基本不会受到影响。用于该种造型树的树木要求主干明显，侧枝发枝力强，耐修剪。常用的树种有柏树类、松树类、榕树类、榆树类等各种符号要求的树种。

（1）分层绑扎　选择 1 株生长健壮、株高合适、约为 2.5 米高、冠径 2 米左右的适合该种造型的树木，定植于规划地点或栽植于盆内，培养 1～2 年后开始造型。

造型先进行分层绑扎，用 16 号铁丝把竹竿绑扎，第一层竹竿

图 3-135 单干多层塔形造型树树形（桧柏）

每根长度为 65 厘米左右，直径 3 厘米左右，绑扎 3～4 根，以每根中间点为中心，绑扎成放射状，距地面 50 厘米处的主干上，再用 10 号铁丝将放射状竹竿的每个头连接固定成为 1 个圆圈（直径 65 厘米），作为第一层的骨架，用 21 号铁丝将骨架周围的枝条均匀搭配，绑扎在骨架上（图 3-136）。采用同样的方法逐层向上绑扎，直到树顶。每向上 1 层，骨架圆圈直径缩小 15 厘米，使向上逐层缩小（图 3-137A）。

（2）整形制作和修剪 将每层骨架上下 20～30 厘米范围之内的侧枝拉平绑扎在骨架的竹竿上，层与层之间的枝条全部剪除。随着枝条和叶片的生长，对长度超出骨架范围的枝叶进行疏除（图

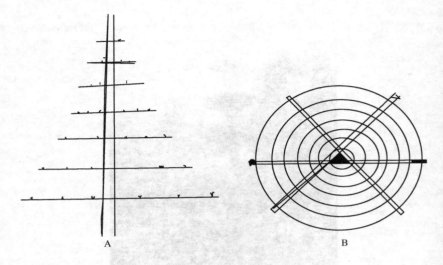

图 3-136　单干多层塔形造型树整形（一）

A—分层绑扎立面图；B—分层绑扎俯瞰图

3-137B），经过 1～2 年的恢复生长和控制修剪，各层的枝叶逐渐饱满，就可以用园艺剪或绿篱剪对每层的外轮廓进行修剪造型，可以修剪成为各种形状，如圆形体（图 3-137C）、方形体、梯形体、倒梯形体、锥形体、倒锥形体等各种不同外形。可以每一层都修剪成同一种形状体，还可以每一层修剪成为不同的形状体。

（3）维护修剪　单干多层塔形造型树整形完成之后，每年都需要进行维护修剪，修剪的时间在 5～6 月和 9～10 月进行 2 次定期修剪，其他时间为展出前 4～5 天进行精细修剪。造型完成后的维护过程中要注意保留顶梢的生长，不要破坏顶梢或截干，一直保持顶端枝头的生长，保持树木的不断长高，如有需要，对于长高部分还可以进一步造型。

　　各种造型树造型完成后都需要进行后期定期维护修剪，才能够保持理想的造型。对于有些类型的造型树，在维护期间，可以改变外轮廓的形状，以达到一种变化的美感。

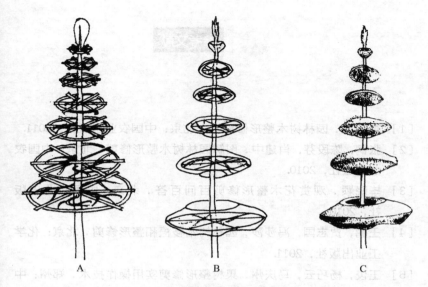

图 3-137　单干多层塔形造型树整形（二）

A—分层绑扎；B—分层修剪；C—整形完成

　　造型树的类型很多，多数的造型树，造型制作中都是先制作外轮廓形状，将树木的枝条绑扎在外轮廓上，逐步修剪，基本成形后再拆除外轮廓骨架，然后再进行精细修剪后达到预先设计的造型。

参考文献

[1] 李庆卫. 园林树木整形修剪学. 北京：中国农业出版社，2011.

[2] 张钢，陈段芬，肖建中. 图解园林树木整形修剪. 北京：中国农业出版社，2010.

[3] 毕晓颖. 观赏花木整形修剪百问百答. 北京：中国农业出版社，2010.

[4] 王鹏，贾志国，冯莎莎. 园林树木移植和整形修剪. 北京：化学工业出版社，2011.

[5] 王俊，杨巧云，马庆州. 果树整形修剪实用操作技术. 郑州：中原出版传媒集团中原农民出版社，2011.

[6] 张克俊. 果树整形修剪技术问答. 北京：中国农业出版社，2000.

[7] 王国英，王立国. 北方果树整形修剪技术百问百答. 北京：中国农业出版社，2010.

[8] 贾永祥，胡瑞兰. 图解梨树整形修剪. 北京：中国农业出版社，2010.

[9] 吴耕民. 果树修剪学. 上海：上海科学技术出版社，1979.

[10] 汪景彦，朱奇，杨良杰. 苹果树合理整形修剪图解. 北京：金盾出版社，2009.

[11] 王庆菊，孙新政. 园林苗木繁育技术. 北京：中国农业大学出版社，2007.

[12] 祁承经. 树木学（南方本）. 北京：中国林业出版社，1994.

[13] 卓丽环. 园林树木学. 北京：中国农业出版社，2004.

[14] 俞禄生. 园林苗圃. 北京：中国农业出版社，2002.

［15］　王秀娟．园林苗圃学．北京：中国农业大学出版社，2009.

［16］　李祖清．花卉园艺手册．成都：四川科学技术出版社，2003.

［17］　蒋永明，翁智林．园林绿化树种手册．上海：上海科学技术出版社，2002.

［18］　孟庆武，刘金．现代花卉．北京：中国青年出版社，2003.

［19］　彭春生，李淑萍．盆景学（第2版）．北京：中国林业出版社，2002.

［20］　宋清洲等．观果盆景．北京：中国林业出版社，2004.

［21］　张光旺．云南梨树栽培技术．昆明：云南科学技术出版社，2001.

［22］　曲泽洲，孙云蔚．果树种类论．北京：中国农业出版社，1990.

［23］　张玉星．果树栽培学各论．北京：中国农业科学技术出版社，2006.

化学工业出版社同类优秀图书推荐

ISBN	书名	定价(元)
23978	图说苹果周年修剪技术	25
23046	园林植物养护修剪 10 日通	26
22640	园林绿化树木整形与修剪	23
20335	园林树木移植与整形修剪	48
17074	枣树整形修剪与优质丰产栽培	19
15499	梨树四季修剪图解	18
12986	北方果树整形修剪技术	19
7536	园林树木移植与整形修剪	18
11212	果树嫁接新技术	15
13724	蔬菜嫁接关键技术	23
17879	200 种常用园林苗木丰产栽培技术	29.8
11692	160 种园林绿化苗木繁育技术	25
11760	园林树木选择与栽植	36
10003	园林绿化苗木培育与施工实用技术	39
5483	园林植物病虫害防治手册	69
11692	160 种园林绿化苗木繁育技术	25
10003	园林绿化苗木培育与施工实用技术	39

邮购地址：北京市东城区青年湖南街 13 号化学工业出版社（100011）

服务电话：010-64518888/8800（销售中心）

如要出版新著，请与编辑联系。

编辑联系电话：010-64519829，E-mail：qiyanp@126.com。

如需更多图书信息，请登录 www.cip.com.cn。